辽河下游平原
滨海盐渍土改良

王东阁　赵　岩　李振宇　著

中国农业出版社
北京

U0273414

内 容 提 要

本书以辽宁省盐碱地利用研究所的大量实地调查资料和试验数据为基础，以辽河下游平原滨海盐渍土半个多世纪的改良成果为依据，全面系统地论述了区域内滨海盐渍土的发生、形成、演变、类型与基本特征，论述了滨海盐渍土的农田工程改良、灌溉排水改良、种稻改良、土壤培肥改良与育苇改良等技术与效果。

本书资料翔实丰富、覆盖面广，集资料性、技术性和实用性于一体，可供盐渍土改良、盐碱地区水土资源综合利用及盐碱湿地生态保护等领域的技术人员参阅。

前 言
FOREWORD

辽河下游平原滨海盐渍土区位于辽河下游平原的南端，辽东湾北岸的滨海冲积平原内。区域海岸线西起锦州市小凌河口，东至营口市大清河口，全长 221 千米。区域由小凌河、大凌河、辽河、绕阳河、大辽河及大清河等河口三角洲与河流冲积平原组成。

辽河下游平原滨海盐渍土区是中华人民共和国版图中最年轻的一片土地，也曾是东北南部最大的一片盐碱荒地，曾有东北的"南大荒"之称。1958 年，在加快社会主义新中国建设的大背景下，为更科学合理地改良这片盐碱地，开发利用这里的水土资源，辽宁省盐碱地利用研究所应运而生。

辽宁省盐碱地利用研究所建所 60 多年来，经过一代又一代科技人员的不懈努力，破解了一个又一个盐渍土改良的技术难题，为辽河下游滨海盐渍土的改良、区域水土资源的高效利用及农业各产业的发展提供了强大的技术支撑。现如今，昔日的"南大荒"，已经变成国内闻名的"鱼米之乡"，成为一片稻浪翻滚、鱼鲜蟹肥、苇海浩荡、景色迷人的美丽富饶的土地。

60 多年来，辽宁省盐碱地利用研究所围绕盐渍土改良开展了多方面的研究。其中，在盐渍土的形成与特性方面开展了盐渍土资源调查与分类、海涂资源调查、区域土壤普查、土壤盐分长期定位观测、潜水水位与矿化度长期定位观测等基础性研究；在农田工程改良措施方面开展了区域河流与水文特性、灌溉与排水工程标准、农田灌排调节网、高标准条田模式及暗管排水等技术研究；在灌溉排水改良措施方面开展了盐渍土冲洗、回归水利用、区域水盐动态特征与调控等技术研究；在种稻改良方面开展了水稻耐盐碱性能、泡田洗盐、灌溉制度与灌溉技术、田间水盐动态调控、磁化水灌溉、田间潜水水位调控与水稻节水灌溉等技术研究；在土壤培肥改良方面开展了土地整治、深耕改土、增施农家肥、种植绿肥、稻草还田、氮磷钾锌平衡施肥、土壤改良剂应用及盐渍土稻田有机质平衡等技术研究；在抚育芦苇改良方面开展了芦苇的耐盐性能、芦苇对土壤结构与养分的影响、芦苇对土壤盐分的影响及芦苇抚育等技术研究。

相关研究的开展与成果的取得，不仅使辽河下游平原滨海盐渍土得到了稳步的改良，使滨海盐碱湿地生态得到了逐步的改善；同时也在滨海盐渍土改良的技术与实践上积累了丰富、宝贵的经验，这些经验是辽宁省盐碱地利用研究所几代科技人员的劳动成果，是集体智慧的结晶，也是社会的共同财富。本书就是这些成果与经验的集成。

今天我们站在前人的肩膀上，收获了这份果实，撰成此书。值此本书付梓之际，要向那些为滨海盐渍土改良与区域农业开发献出智慧、汗水与毕生精力的前辈们献上最崇高的敬意！

由于作者水平与能力有限，书中肯定存在不少缺点和错漏，请读者批评指正。

王东阁

2019 年 10 月于盘锦

目　录
CONTENTS

第一章 滨海盐渍土的
形成与演变

一、滨海盐渍土形成的自然因素

（一）地理位置

辽河下游平原为辽宁省最大的平原，呈西南—东北方向宽带状，斜卧在辽宁的中部。地理坐标为东经 $121.0877°\sim123.8558°$，北纬 $40.4642°\sim42.2943°$。南北长约 240 千米，东西宽 $120\sim140$ 千米，面积约为 23 200 千米^2。行政区域包括盘锦市的全部地区和营口市、锦州市、辽阳市、鞍山市、阜新市、沈阳市与铁岭市的部分地区。

由于地理、历史、地质和气候等原因，在辽河下游平原内分布有滨海和内陆（苏打）两类盐渍土区。其中滨海盐渍土区集中分布在盘锦市、营口市西北部平原区及锦州市东南部沿海平原区；内陆（苏打）盐渍土区零散分布于辽阳市、鞍山市、阜新市、沈阳市和铁岭市等地（盐渍土分布及盐渍化程度示意图从略）。

辽河下游平原滨海盐渍土区位于辽河下游平原的南部，辽东湾北岸的滨海冲积平原内（滨海盐渍土分布区域图从略）。海岸线西起锦州市小凌河口、东至营口市大清河口，全长 221 千米。区域由小凌河、大凌河、辽河、绕阳河、大辽河及大清河等河流冲积平原与河口三角洲组成。陆地范围为西起小凌河左岸，东至长大铁路，南起辽东湾北岸，北至北镇市、黑山县的台地南缘，地理坐标为东经 $121.0877°\sim122.4387°$，北纬 $40.4642°\sim41.5107°$。在行政区域上，包括盘锦市 90% 的区域、营口市（大石桥市、老边区、西市区）的部分区域以及锦州市（凌海市、北镇市）的部分区域，总面积约为 5 833 千米^2。

（二）地质形成

1. 史前地质阶段　在距今大约 25 亿年前的太古时代，现今的辽河下游平原南端的滨海区域为一片浅海。后来，受新太古早期五台运动的影响，周边火山活动频繁，喷发出的大量火山岩浆侵入，使这一区域逐渐上升为陆地。

从距今大约 6 亿年至 4 亿年间的早古生代，受晚前寒武纪的蓟县运动影响，这一区域又下降为浅海。在紧随其后的加里东运动过程中，这一区域又与整个华北陆台一起，进入缓慢上升阶段。但燕辽沉降带在古生代早期仍处于浅海中，其沉积物主要为页岩、砂岩、泥灰岩、灰岩等。

从距今大约 4 亿年至 2.5 亿年间的晚古生代，这一区域先是全部上升为陆地，后期又在海西运动的影响下，地面下降为浅海或滨海沼泽。在这 1.5 亿年间，露出水面的地表处于风化剥蚀过程；处于水面以下的部分处于沉积过程，沉积物多为页岩、砂岩及有机物夹层。

从距今大约 2.5 亿年至 0.8 亿年间的中生代，由于受印支运动与燕山运动的共同影响，这一区域发生多次抬升与沉降运动。其中在三叠纪，区域全部上升为陆地，处于风化剥蚀过程；自侏罗纪开始，在宏观的燕山运动及局地的火山活动作用下，整体区域沉降为盆地，部分区域沉降为内陆湖泊，处于湖沼相沉积过程。

从新生代开始（距今大约 0.8 亿年），这一区域在喜马拉雅运动的作用下，剧烈向下拗折，形成一个东北向的大拗陷——渤海拗陷。随即海水侵入拗陷区域，拗陷的两侧形成了隔海相望的辽东半岛与山东半岛。

进入第四纪以后，由于持续受喜马拉雅运动的影响，整个辽河下游平原的海陆轮廓变化异常频繁，发生过多次海侵、海退过程。钻孔资料显示，进入中更新世以后，今辽河口及大辽河口区域内，堆积了 3 个明显的海相沉积底层与海陆交互相底层（图 1-1）。这表明，中更新世以来，这里发生过三次大规模的海侵。

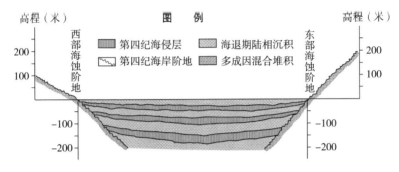

图 1-1　辽河下游平原河口区域第四纪海侵示意图

地质学家将发生在中更新世晚期（距今 120 万～100 万年）的海侵定名为水源海侵，发生在晚更新世中晚期（距今 5 万～1 万年）的海侵定名为先锋海侵，发生在全新世（距今 8000～5000 年）的海侵定名为盘山海侵。目前这一区域处于盘山海侵的衰退期或退海期。

2. 石器文明以来阶段　自盘山海侵衰退后，伴随着海退的进程，辽河下游平原滨海区域东西两侧丘陵区多条河流的洪积-冲积扇，逐渐向中心地带扩展。辽河等主要外源河流进入到本区内河床宽浅、纵坡平缓的河段。各河的河漫滩迅速发育，河道在平面上摆动、滚动、分岔，形成泛滥平原。各河流的泛滥平原汇合在一起后，形成了大面积的冲积平原。同时在各河流的入海口，河水流速骤降，河水中的粘粒、有机物碎屑及细小泥沙等剩余携带物集中沉积，形成三角洲平原。在上述过程的共同作用下，海岸线逐渐向前推进，现代辽河下游平原逐渐形成、扩展。

现代辽河下游平原是以辽河为主的多条河流的冲积平原与河口三角洲平原的复合体。随着辽河下游平原的生成并向西南方向不断扩展，其海陆相接的海岸线也逐步向海湾内推进。据史料记载，在秦汉时期，今北镇至辽中之间集中分布着大片的盐沼与沼泽，史称"辽泽"，晋代描述为"辽泽泥潦，车马不通"。唐太宗东征时描述为"东西二百余里泥淖，人马不通"。当时的海岸线应该在今北镇市闾阳至台安县新开河，再到海城市高坨一线。在辽金时期，海岸线的中段就大幅度向南推进到了盘锦高升北部一线；西段则位于现在的凌海市右卫（隋唐时东北地区的重要海港）至北镇市闾阳和沟帮子南部一带；东段则位于海城西部至大石桥西部，再到盖州一线（辽河下游平原海岸线历史变迁示意图从略）。

从辽金时期开始，首先由于气候的变化，使曾经水草丰茂、温暖湿润的辽西北地区逐渐演变为干燥寒冷的沙化区域，加之辽河和大凌河及其支流上游的垦耕活动，导致植被覆盖度下降，土壤侵蚀加剧，水土流失严重，河流来沙量逐渐增加，所以到明朝晚期，海岸线的东段及大凌河口区段，向海湾内推动的幅度较大。海岸线位置在凌海的建业—安屯至盘锦的羊圈子—太平—田庄台，再到营口的沟沿—路南一线。当时，在海岸线上的各条河流都在河口处发育着三角洲，但辽河和大凌河的来沙量大，三角洲发育迅速，而其间的绕阳河、东沙河、西沙河等多条小河的三角洲发育缓慢，因此，在大凌河三角洲与辽河三角洲之间，形成一个北至闾阳南的浅海湾，时称"盘锦湾"。同时，今营口市区的位置还仅是辽河口外浅海中的一个沙岛，时称"桃花岛"。

到清朝中期时，海岸线的变迁还基本上沿袭之前的规律，东段向西南推动的幅度较大，中段基本稳定，西段向东推进的幅度较小。在道光时期，由于辽河泥沙的淤填，桃花岛逐渐与大陆相连。

1861 年，辽河向西分出一条支流，经收纳多条原独立入海的小河后，通过双台子潮沟在盘锦湾顶部入海。从此开始，东段岸线的淤进速度逐渐下降，而中段岸线由于来沙量的增加则迅速向前推进，这使原本就很浅的盘锦湾在泥沙的填塞下迅速萎缩淤平。到清朝末年，曾经的盘锦湾除留下一段宽阔的河口河道外，已全部变成沼泽地。

　　自有文字记录以来，辽河下游平原的海岸线最远已向前推进了 80 千米，盘锦湾也已淤满填平。但时至现在，各河流输沙造地的进程一刻也没有停止，海岸线也依然在向前推进着。

　　据 20 世纪末期的监测资料，辽东湾顶端的大小河流，每年向辽东湾倾注 2 500 万～3 500 万吨泥沙。其中：小凌河的输沙量为 250 万～300 万吨，大凌河的输沙量为 1 500 万～2 000 万吨，辽河的输沙量为 800 万～1 200 万吨，绕阳河的输沙量为 15 万吨左右，大辽河的输沙量为 200 万～300 万吨，大清河的输沙量为 30 万～40 万吨。

　　另据 20 世纪后 10 年的遥感影像资料分析，辽东湾顶端岸线的淤进速度在 70～187 米/年，各岸段的新增滩涂面积在 1～2 千米²/年。其中，大辽河的来沙量较低，河口两侧岸线的淤进速度在 70～80 米/年，新增滩涂面积在 2 千米²/年左右。辽河和大凌河的来沙量较大，河口两侧岸线的淤进速度在 135～180 米/年，相应岸段新增滩涂面积在 3～4 千米²/年。

　　近代以来，海岸线的淤进速度在年际间并不稳定，有时快有时慢。然而近年来的资料显示，由于海岸线平面形态的变化，尤其是人类修建的防潮堤、导流堤及海产养殖池等工程的干扰，使海湾内潮流动力环境、泥沙扩散方向与沉积条件都发生了变化，进而使部分岸段出现了侵蚀后退的现象。但总体上，浅海区域还是以淤积为主，海岸线还是在不断向前推进。可以预计，在发生新的较大地质构造运动之前，这一过程还将持续下去。

（三）地质构造

　　1. 地质构造　　自中生代以来，现今的辽河下游平原及其周边范围内，发育着一系列区域性的北东方向及北向的大断裂。这些断裂切割前中生代的古构造，形成一组北东—南西向展布的断陷构造。这些断陷构造呈现出东西分带、南北成块的新构造格局，地质上称为新构造运动。这组断陷构造，西以凌海的西八千乡至新民的大民屯镇断裂为界，东以营口至沈阳大断裂为界。

在新生代的喜马拉雅运动的影响下，辽河下游平原区域内断陷构造受到挤压，形成一系列北东—南西向紧密相间的隆起和拗陷，即现在所称的大虎山隆起、盘山拗陷、西拂（牛）隆起、田庄台拗陷、刘二堡隆起和大民屯拗陷6个次级构造单元（辽河下游平原基底构造图从略）。辽河下游平原滨海地区的高升、双台子、曙光、欢喜岭位于盘山拗陷，于楼、荣兴及二界沟等位于田庄台拗陷。

在漫长的地质演化过程中，辽河下游平原滨海区域经历了多次地壳的抬升与沉降，海陆交替变化，形成今天的地质构造。主要在燕山运动的作用下，这一区域逐渐沉降为盆地，属于华北陆台中部渤海湾的一部分。进入新生代以后，特别是进入第四纪以后，各条河流从上游携带来大量泥沙，在近海、浅海区域内堆积、沉积。在这一地质时期，辽河下游平原滨海区域处于边沉降、边沉积填充过程中。沉降速度与填充速度相近，近于平衡状态。

经过上述地质过程，辽河下游平原滨海区域被深厚而松散的第四纪沉积物覆盖。随着覆盖层厚度的增加与海退的持续进行，沿海海底不断上升，露出海平面，形成现代冲积平原。

2. **地层构造** 地勘资料显示，辽河下游平原滨海区域的地层齐全，并主要是第四纪散积层。其中，深层古老基底上发育着震旦纪、寒武纪、奥陶纪、二叠纪、侏罗纪及白垩纪地层，但地层较为简单。随后是广泛发育的老、新第三纪地层。最后是广泛而深厚的第四纪地层。

在整个辽河下游平原滨海区域内，第四纪沉积物的厚度差异很大，而且其变化遵循一定的规律。从纵剖面上看，由北向南厚度逐渐增加。如于楼一带厚度为180～200米，西南向的唐家一带厚度为250～300米，最南部的二界沟、荣兴一带厚度为450～500米。从横剖面上看，中部的绕阳河、辽河、浑河和太子河河道间的沉积物厚度为250～300米，东西两侧向外逐渐变薄，与山前洪积扇相连（图1-2）。

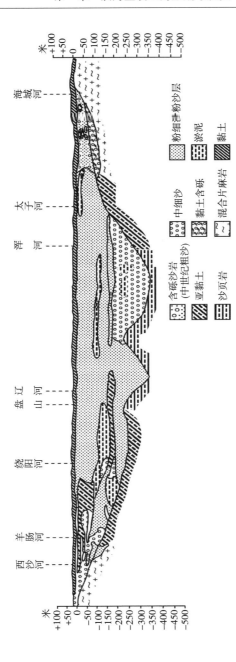

图 1-2　盘山—海城第四纪地质剖面图

区域地层在物质组成上也表现为相同的变化规律,由北向南地层由简单变复杂,层次由单一变为多层叠加。地层除了具有时代齐全、分布广泛等特点外,还由于地层沉积过程连续,沉积环境为还原条件,所以各沉积物色泽单一,自上而下以灰、浅灰、灰绿、浅绿色为主(表1-1)。

表1-1 辽河下游平原滨海区域南部第四纪地层特征

地层时代	地层深度 (米)	质地描述	颜色描述
全新世 (冰后期)	0~8.6	冲积和海积的黏土、亚黏土夹细粉沙层,含铁锰结核及少量硅藻化石	呈灰黑色、灰色、灰褐色
	8.6~13.6	薄层状亚黏土和粉沙互层,含少量半碳化植物及硅藻化石	呈灰黑色、灰色
	13.6~20.7	细粉沙夹亚黏土透镜体,含少量半碳化植物、孔虫及陆相介形虫化石	呈灰色、深灰色
晚更新世 (榆树组)	20.7~46.0	上半部为黏土、亚黏土夹细粉沙薄层,下半部为细粉沙夹亚黏土薄层	呈灰黑色及灰色
	46.0~55.5	河湖相沉积的细粉沙夹亚黏土薄层,含泥粒与菱铁矿砾	呈灰色、浅黄绿色
	55.5~87.0	上层为细沙夹轻亚黏土、亚黏土层;下层为亚黏土泥粒与细沙互层	上层呈灰色、浅灰色和灰绿色,下层呈灰色、灰黑色
中更新世 (郑家店组)	87.0~120.0	为河湖相沉积的中细沙夹亚黏土层,亚黏土含泥粒与菱铁矿砾	呈灰白色、灰色、灰绿色
	120.0~179.4	河湖相沉积亚黏土、轻亚黏土和细沙互层,含泥粒与菱铁矿砾	呈灰白色、灰色及灰黑色

（续）

地层时代	地层深度（米）	质地描述	颜色描述
	156.4～214.0	河湖相沉积的细粉沙夹亚黏土薄层，沙粒较均匀，含碳化有机物碎片	呈灰黑色、灰色、灰绿色、浅灰绿色
早更新世（田庄台组）	214.0～250.6	上层为亚黏土、亚沙土和细沙互层，下层为粉细沙、中粗沙含砾层	上层呈灰色和灰绿色，下层呈灰白色和灰绿色
	250.6～360.0	沙、沙砾石、中粗沙含砾、亚黏土含砾、砾石混黏土	呈灰白色、浅绿色、绿色

（四）地势地貌

1. **地势** 辽河下游平原的东面为千山山脉所构成的辽东山地，西为医巫闾山等构成的辽西丘陵区，南临辽东湾，北部以浑圆状低丘、丘边坡地及沙丘高地为分水岭与西辽河平原相邻。平原呈簸箕型向西南开口，形成三面环山、一面临海的地形特点。东部千山山脉的最高峰为老秃顶山，海拔 1 325 米，其余还有 1 000 米以上的山峰 10 余座。西部医巫闾山的主峰为望海峰，海拔 867 米。平原北部为铁法低丘陵区域，海拔高程在 50～250 米，地形切割零乱。辽河下游平原内部地势开阔平坦，地面高程由北向南逐渐降低，直至与海平面相交；平原中部地区平均海拔 10～15 米，向东西两侧逐渐抬升至 50 米以上。

辽河下游平原滨海区域内，河流纵横，多水无山，地势低洼平坦，为广阔的退海冲积平原。地面海拔多在 2～4 米，最高海拔接近 20 米，最低为 0 米。地势北高南低，由东北向西南倾斜，其中北部地面比降为 1/2 000～1/5 000，中部为 1/5 000～1/10 000，临海的南部为 1/10 000～1/30 000。

辽河下游平原滨海区域的东部，西起大辽河左岸，东至千山山脉西侧的一级河谷阶地后缘。地势相对较高，整体由东北向西南倾斜。地面海拔在 3～10 米。中部西起大凌河左岸，东至大辽河右岸，为辽河下游平原滨海区域的主体。这一区域内地势低洼平坦，海拔多在 2.5～4.0 米，地面向南倾斜，坡降很小。西部为大小凌河河口地带，沿海岸线呈东西向狭长分布。区域南部地势平坦低洼，地面高程在 1.7～3.0 米，多沼泽与潮沟；北部地势逐渐升高，与医巫闾山山前微倾斜高地相接。

2. 地貌　辽河下游平原滨海区域地势开阔平坦。

区域东部为大辽河干流至长大铁路之间的部分。由大辽河冲积（三角洲）平原与辽东丘陵西侧多条小型河流的冲积平原构成，地貌形态类型属滨海平洼地和滨海平垄地。区域内天然河道与坑塘较少。目前，除庄林路—营大路—长大铁路围成的区域内有部分盐荒地以外，其余全部为高产农田。本范围内的耕地以水田为主，旱田为辅。

区域中部为大辽河与大凌河之间的部分，主体由辽河、大辽河及大凌河冲积平原构成，地貌形态类型属滨海平洼地和滨海芦苇沼泽地。区域内天然河道纵横，坑塘密布。100 多年前的盘锦湾，现已成为世界第二位，亚洲第一位的苇田。目前，区域内盐荒地很少，除苇田外已全部开垦为高产水田。另外，由于绕阳河的上游为科尔沁沙地南缘，其间还分布有低矮丘陵，其特点是河道短、坡降大，所以在绕阳河的洪积与冲积作用下，形成了高升一带散布的低矮沙丘，以及沙地和沙质草甸。

区域西部由大小凌河冲积平原构成，地貌形态类型属滨海平洼地和微倾斜高地。大凌河也是一条多沙河流，洪积—冲积作用明显。特别是在汛期，河水携带大量泥沙入海，在使入海口快速向前延伸的同时，也使下游河床逐年抬升，导致下游河道频繁改道。上世纪初，大凌河在现在的鸳鸯沟处入海；在 20 世纪 30 年代，改为由南井子处入海；随后逐渐向西移动，直到现在的位置。大凌河口三角洲是辽东湾北岸唯一典型的扇状三角洲。

在河流冲积与海积的共同作用下，辽河下游平原滨海区域南缘每年都在向辽东湾内推进，沿海岸形成一条蜿蜒曲折的滩涂带。滩涂具有滩面宽、岸坡缓、土层厚、土质黏、盐分高等特点，滩面上多发育有树枝状潮沟。沿海滩涂主要分布在营口市的西市区，盘锦市的辽滨、荣兴、二界沟、榆树、王家、赵圈河、东郭及欢喜岭等乡镇，锦州市的西八千、大有等乡镇。

大辽河流入滨海区域后，河道蜿蜒曲折，主河槽摆幅大，弯道河岸坍塌迅速，所以在河道内淤成若干河心沙洲。这种沙洲在当地称为"碛（jì）子"。从三岔河口到营口入海口的河道中，分布有面积不等的大小六个河心碛子，即小林子岛、南尖子、蔡大碛子、河边塘碛子、四个碛子与辽滨碛子，总面积 9.3 千米^2。碛子的地面高程一般在 2 米以上，土质肥沃，芦苇等水生植物茂盛，是鸟类的重要繁衍栖息地。

在成陆前的地质年代里，经过长期的河水淤积与海水岸流的回旋冲刷淤积，在海滨形成一些海拔在 1.5～2.0 米的圆形台地，当地俗称"坨子"，如大洼二界沟的老坨子等。另外，在河口冲积平原发育的过程中，由于受草丛、灌木丛等的影响，在局部区域内造成冲刷与淤积的不均衡，形成了条状、带状土岗，所以构成了区域内的"岗子"地貌。

（五）河流与水文

1. **河流**　辽河下游平原滨海区域地势低洼平坦，区内河网密布，河流纵横，素有"九河下梢"之称。在上世纪中期农业生产大开发之前，区内共有大、中、小型河流 30 多条，总流域面积为 3 750.3 千米^2。在至今近 70 年持续不断的生产开发与流域治理的过程中，已将部分小型河流整治为排水干沟等渠道，所以区域内现有河流 29 条（辽河下游平原滨海区域水系图从略）。

在区域内的所有河流中，全程流域面积大于 5 000 千米^2 的大型河流有 4 条，分别是辽河（盘锦境内段原称双台子河）、大辽河（浑河与太子河汇合后河段名称）、绕阳河与大凌河。全程流域面积在 1 000～5 000 千米^2 的中型河流有 3 条，分别是小凌河、西沙河与大清河。其余为全程流域面积小于 1 000 千米² 的小型河流，主要有锦盘河、月牙子河、南屁岗河、鸭子河、丰屯河、旧绕阳河、大洋河、外辽河、新开河（外辽河与新开河是辽河与大辽河的联通河道）、张家沟、东鸭子河、西鸭子河、潮沟、小柳河、太平河、一统河与劳动河等。

（1）辽河。全国七大江河之一，辽宁的母亲河。古称潦水，汉代称大辽水，五代以后称辽河，明清以来有苟骊河、巨流河等称呼。

辽河上游分东西两个源头。东辽河发源于吉林省东辽县吉林哈达岭西北麓的辽河源镇。西辽河又主要分为南北两个源头，北源西拉木伦河，发源于内蒙古克什克腾旗大红山北麓的白槽沟。南源老哈河，发源于河北省平泉县七老图山脉的光头山。西拉木伦河与老哈河在内蒙古翁牛特旗与奈曼旗交界处汇合，称西辽河。西辽河与东辽河在辽宁省昌图县汇合后称辽河。

1861 年以前，辽河干流出盘山县沙岭镇六间房后，由于地面坡降变缓，导致河流泛滥，发生多条分岔。各分岔几乎平行地向南流淌，目前，外辽河与新开河就是当年两条主要分岔的遗存。在辽河注入浑河与太子河汇流的河道后，原辽、浑、太 3 条河流汇成 1 条河流，蜿蜒前行，最终注入辽东湾。

1861 年汛期，辽河水暴涨，洪水在六间房处冲出右岸，向西通过双台子潮沟泻入盘锦湾。由于洪水的剧烈冲刷，不仅加宽了双台子潮沟，而且使沟头迅速向前发展，最终连接到辽河主河道上，并从 1896 年（光绪二十二年）开始，逐渐形成了一条固定河道。自此，辽河水分别通过两条河道入海。向南的部分水量较大，加之浑河、太子河的汇入，故称大辽河。向西的部分，因借用双台子潮沟，故称双台子河。

1958 年，辽宁省政府为了根治辽河水患，将向南的外辽河等河道堵塞，使辽河彻底改道，辽河水全部向西入海。改道后的河道仍沿用双台子河称呼。2011 年 11 月，辽宁省政府下文，将双台子河更名为辽河。

辽河全程流域面积 219 000 千米^2，全河长 1 345 千米。辽河下游平原滨海区域内流域面积 2 526 千米^2，河长 116 千米，比降 1/12 000。辽河干流段年最大径流量 81 亿米^3（1964 年），年最小径流量 25 亿米^3（1961 年），年平均径流量 47 亿米^3。干流段有水文记录以来的最大洪峰流量为 3 240 米^3/秒。河面封冻期在 11 月中旬至 12 月中旬，解冻期在翌年 3 月中旬前后，结冻期大约 110 天。

辽河在滨海区域内有大小支流 16 条，绕阳河是其最大的支流，其他较大支流的基本情况见表 1-2。

表 1-2　辽河下游平原滨海区域辽河主要支流情况

名称	发源地	特征指标	注入点
小柳河	新民市南八村	全程流域面积 684 千米^2，全河长 44 千米。区域内流域面积 135 千米^2，河长 21 千米，比降 1/1 400	在盘锦双台子区铁东街道高家村注入辽河
太平河	盘山县高升街道二台子西	流域面积 177 千米^2，河长 42 千米，河道宽 30 米，河床比降 1/1 200	在盘山县新生农场西部注入辽河
南屁岗河	凌海市金城街道	流域面积 138 千米^2，全河长 28 千米，河床比降 1/1 400	在欢喜岭小道子注入辽河口
一统河	盘山县高升街道楼台村	流域面积 63 千米^2，全河长 18 千米，河床比降 1/13 500	在盘锦市双台子区谷家村注入辽河
旧绕阳河	盘山县高升镇	流域面积 90 千米^2，全河长 7 千米，河床比降 1/1 400	在盘山县陈家乡小丁家北注入小柳河
潮沟	原大凌河入海河道，起于凌海市金城街道	全程流域面积 147 千米^2，全长 19 千米。区域内面积 75 千米^2，河长 13 千米，河床比降 1/5 000	在盘山渔港上游注入南屁岗河

(2) 大辽河。大辽河由浑河和太子河汇流而成，从两河汇合处

至入海口段称大辽河。

浑河古称沈水，又称小辽河，历史上曾经是辽河最大的支流。浑河发源于抚顺市清原县湾甸子镇的滚子岭，在盘山县古城子镇东收纳太子河水后改称大辽河。浑河全长 415 千米，流域面积 25 000 千米^2，年径流量 50 亿～70 亿米^3。

太子河古称衍水，汉称大梁河，因燕太子丹逃亡于此，故明后称太子河。太子河有两个源头，南源为本溪县东大凹岭，北源为新宾县平顶山。太子河全长 464 千米，流域面积 4 000 千米^2，年径流量 20 亿～40 亿米^3。

大辽河总流域面积 1 962 千米^2，河长 97.2 千米，辽河下游平原区域内流域面积 1 100 千米^2。年平均径流量 50 亿米^3。全河为感潮河段。大辽河主要支流情况见表 1 - 3。

表 1 - 3　大辽河支流自然情况

名称	发源地	特征指标	注入点
外辽河	北起盘山县沙岭镇六间房村，原与辽河相通	季节性河流，流域面积 48 千米^2，全河长 38 千米，河道宽 100 米，河床比降 1/10 000	在盘山县古城子镇三岔河注入大辽河
新开河	北起盘山县沙岭镇二道桥子，原与辽河相通	原为季节性内水承泄河，1984 年成为南水北调输水干渠。流域面积 156 千米^2，河长 26 千米，河道宽 40 米，河床比降 1/100 000	在盘山县古城子镇夹信子村注入大辽河
劳动河	发源于海城市西四镇	全程流域面积 340 千米^2，河流全长 26 千米。区域内流域面积 74 千米^2，河长 11 千米，比降 1/14 000	在大石桥市水源镇南注入大辽河
南河沿排水总干	—	辽河与大辽河间的主要排水干渠，控制面积 400 千米^2	在大洼区东风镇南河沿村注入大辽河

三岔河至田庄台河段长度 60 千米，河宽 210～507 米，水深 2.97～6.88 米，河床比降 5/100 000。河道横向摆动幅度大，蜿蜒曲折，有大小弯道 11 处。岸滩土质以黏壤质和壤质为主，平均塌岸速度为 5 米/年，最大塌岸速度为 20 米/年。

田庄台至河口河段长度 37 千米，河宽 354～1 202 米，水深 3.96～9.13 米，河床比降 1/100 000。河道的平面形态较为平顺，有较大弯道 9 处，河岸坍塌较少，弯道发育缓慢。

（3）绕阳河。绕阳河为辽河水系的重要支流之一。古称锥子河，明代称珠子河，清代称鹞鹰河。

绕阳河发源于辽宁省阜蒙县扎兰营子乡察哈尔山。1861 年以前，绕阳河于三岔河处注入辽河，从 1896 年双台子河（现今的辽河）河道逐渐固定开始，绕阳河于台安县富家镇沟稍子村注入双台子河。因当时绕阳河出流不畅，导致盘山县、北镇市与黑山县交界处形成大片湖沼区域。

为宣泄洪水，1905 年，在现今台安县西平乡甄家窝棚村，将绕阳河向西引入东沙河下游河道（杜家台河）。从此，绕阳河在甄家窝棚村分为两支，一支走原河道向南，在沟稍子村注入双台子河；另一只向西汇入杜家台河，在东郭苇场的万金滩注入双台子河。

新中国成立后，为根治绕阳河水患，辽西省政府与东北水利总局组织人力，在甄家窝棚村将绕阳河原河道彻底封堵，并将原河道改称为旧绕阳河；同时，向西疏浚东沙河下游河道，收纳西侧多条支流后，由万金滩处注入双台子河（今称辽河）。

绕阳河全程流域面积 10 360 千米^2，河道全长 290 千米；区域内流域面积 868 千米^2，河长 71 千米。下游干流河宽 40～700 米，最大洪峰流量为 1 040 米^3/秒，枯水年径流量为零，河床比降 1/10 000。绕阳河有大小支流 9 条，其中 4 条主要支流的基本情况见表 1-4。

（4）大凌河。大凌河古称渝水，唐代称白狼河，辽代称灵河，金代称凌河，明代始称大凌河。

表 1-4　辽河下游平原滨海区域绕阳河主要支流情况

名称	发源地	特征指标	注入点
西沙河	西源于医巫闾山香炉峰北坡，东源于北镇市汪家坟乡台子山北坡	区域内流域面积 170 千米²，区内河长 27 千米，河道宽 20～30 米，比降 1/10 000	在盘山县东郭苇场西大湾注入绕阳河
锦盘河	发源于凌海市高峰乡妈妈头山东	区域内流域面积 230 千米²，区内河长 20 千米，河道宽 30 米，比降 1/5 000	在东郭苇场淤河盖北注入绕阳河
月牙子河	发源于北镇市闾阳镇白碴子山南	区域内流域面积 172 千米²，区内河长 18 千米，河道宽 50 米，比降 1/30 000	在东郭苇场月牙子注入锦盘河
丰屯河	发源于凌海市白台子西	流域面积 50 千米²，区内河长 19 千米，河道宽 20 米，比降 1/12 500	在东郭苇场淤河盖南注入绕阳河

大凌河有西、南、北 3 源。西源发源于河北省平泉县宋营子乡水泉沟。北源发源于辽宁省凌源市万元店镇热水村，在凌源市东城街道辛杖子村汇入西源。南源发源于辽宁省建昌县要路沟吴坤仗子村，在喀左县南哨镇山嘴村汇入西源。

大凌河全程流域面积 23 562 千米²，河道全长 403 千米。辽河下游平原滨海区域内流域面积 190 千米²，河长 22 千米，河宽 220～420 米，多年平均径流量 16.67 亿米³。最大洪峰流量为 36 500 米³/秒，枯水年流量为 1.7 米³/秒，河床比降 1/9 000。

（5）小凌河。小凌河古称唐就水，辽代称小灵河，明代始称小凌河。小凌河发源于辽宁省建昌县楼子山东麓，在锦州市太和区娘娘宫镇南凌村注入辽东湾。

小凌河全程流域面积 5 475 千米²，河道全长 206 千米，平均河宽 500 米，多年平均径流量 3.98 亿米³。

（6）大清河。大清河有南、北两源。南源发源于大石桥市建一镇魏大岭，北源发源于海城市英落镇前窖子峪村。两源在盖州市高屯镇汇流后，经盖州市西海乡河口村注入辽东湾。

大清河全程流域面积 1 482 千米²，河道全长 100 千米，滨海区域内流域面积 35 千米²，河段长 9 千米，河宽 220～420 米，河床比降 3/10 000，多年均径流量为 0.88 亿米³。

除前述几大河流水系外，在大凌河口至小凌河口之间，还分布有多条独立入海的小河流。这些小河流在区域生态演变及区域内的产业开发与社会经济发展中也发挥着独特的作用。这些独立入海小河流的基本情况见表 1-5。

表 1-5　主要独立入海小河流情况

名称	发源地	特征指标	注入点
干沟子	发源于凌海市双阳镇王满沟	流域面积 147 千米²，河长 32 千米，多年平均径流量 0.12 亿米³	在凌海市建业乡入海
鹊雀沟	发源于凌海市闫家镇半拉门西	流域面积 51 千米²，河长 11 千米，多年平均径流量 400 万米³	在凌海市大有乡入海
长湖沟	发源于凌海市新庄子镇翻身屯	流域面积 87 千米²，河长 20 千米，多年平均径流量 733 万米³	在凌海市大有乡入海
胜利沟	发源于凌海市新庄子镇八段村	流域面积 90 千米²，河长 19 千米，多年平均径流量 742 万米³	在凌海市大有乡入海
邢家沟	发源于凌海市新庄子镇三河套村	流域面积 48 千米²，河长 12 千米，多年平均径流量 385 万米³	在凌海市大有乡入海

2. 水文地质

（1）潜水的基本特性。 在自然条件下，潜水的增加源于大气降水的渗入、河水和海水浸润和地下径流的流入，潜水的减少主要有地表蒸发和植物蒸腾的散失以及地下径流的流出。辽河下游平原滨海区域地势低洼平坦，地面坡降小，所以域内地下径流的流入与流出都很微弱。区域内潜水的补入以河水和海水浸润为主，潜水的流出以通过包气带垂直向腾发散失为主。区域内潜水埋藏很浅，大多数在1.0～1.5米，小于潜水临界深度；最深处也不超过3.0米。

在近海低地和海水浸没区域，潜水矿化度普遍大于10克/升，最高的可达60克/升，属于近海强度矿化区。这是由于地下径流微弱，潜水主要源于海水补给，在地表蒸发的作用下，潜水逐渐浓缩的结果。该区域内地表土壤盐分处于积累过程中，或停止在高度盐渍化状态（表1-6、表1-7）。这类区域主要分布在盘锦市盘山县的欢喜岭、东郭、羊圈子、甜水和大洼区的赵圈河、二界沟、荣兴等滨海一侧，锦州市凌海市的建业、大有、西八千南部，营口市西市区的西部和老边区路南镇的西南部。

表1-6　区域内典型潜水水质（第二次土壤普查资料）

采样地点	矿化度（克/升）	离子浓度		潜水所属分区	潜水化学类型
		$K^+ + Na^+$	Cl^-		
二界沟滩涂	35.59	494.6	616.0	近海强度矿化区	$Cl^- - Na^+$ 水
甜水九间村	5.49	75.1	73.7	中部中度矿化区	$Cl^- - HCO_3^- - Na^+ - Mg^{2+}$ 水
新生一大队	3.77	40.5	38.5	中部中度矿化区	$Cl^- - HCO_3^- - Na^+ - Mg^{2+}$ 水
盘山示范场	1.57	8.39	5.89	北部轻度矿化区	$HCO_3^- - Cl^- - Ca^{2+} - Na^+$ 水
高升楼台村	0.84	2.8	1.6	北部淡水区	$HCO_3^- - Mg^{2+}$ 水

　　注：离子浓度单位为毫克当量①/升。

---

　①　毫克当量为非法定计量单位，1毫克当量=1毫摩尔×化合价。

表1-7　盘锦市主要乡镇潜水矿化度（第二次土壤普查资料）

测点区域	乡镇	样本数	潜水矿化度（克/升）		
			最高值	最低值	平均值
北部区域	东郭	26	23.33	0.70	3.94
	羊圈子	31	17.07	0.53	3.05
	太平	49	18.06	0.22	3.87
	石山	41	54.50	0.49	3.17
	平安	40	13.71	0.74	3.83
	唐家	59	14.21	0.88	3.18
	新建	36	8.85	0.72	3.24
	新立	17	13.87	0.54	4.00
中部区域	新生	32	21.29	1.30	6.89
	清水	65	26.66	1.35	5.31
	新兴	52	17.21	1.12	4.94
	王家	34	36.78	0.70	5.31
	胡家	63	27.29	0.70	5.24
	榆树	37	31.56	1.22	6.32
	前进	42	53.45	0.73	6.19
	辽滨	7	6.84	5.09	6.12
近海区域	赵圈河	4	35.01	1.60	17.60
	甜水	31	32.80	0.93	13.33
	荣兴	61	29.30	1.05	10.83

在中部区域，海水的浸渍作用减弱，潜水矿化度降低，一般在5～10克/升。潜水与土壤中的盐分含量，随着包气带内水流主方向的转换而变化。如在自然状态（非人工灌溉）下，在春秋两季，地表蒸发量大，包气带内水流（汽）以向上运动为主，土壤处于返盐、积盐过程，潜水处于浓缩过程；在雨季经雨水的淋溶冲洗，包气带内水流（汽）以向下运动为主，土壤处于脱盐过程，潜水处于

稀释过程。总体来说，在年内一般只维持在短期盐分平衡或轻微而不稳定的脱盐状态。这类区域主要分布在盘锦市盘山县的胡家、太平、陈家、坝墙子和大洼区的新开、田家、唐家等地，锦州市凌海市的西八千、安屯一带，营口市老边区路南镇的南部一带。

在北部区域，海水的浸润影响完全消失，潜水与土壤中的盐分主要源于海水浸渍的残留。目前这一区域以脱盐状态为主，潜水的矿化度一般在 1～5 克/升。这类区域主要分布在盘锦市盘山县的高升、喜彬、古城子等地，营口市大石桥市的旗口、高坎等地。

在河流沿岸的两侧，由于受河水渗透的持续挤压，使潜水逐渐淡化，矿化度一般低于 1～5 克/升，土壤表现为显著的、稳定的脱盐状态。这类区域集中分布在大辽河两侧的 5～10 千米范围内，辽河两侧的 2～3 千米范围内以及大凌河两侧的 3～5 千米范围内。有代表性的地点有盘锦市大洼区的东风、西安、平安及营口市大石桥市的沟沿、水源等地。但是，这种河水对潜水的挤压影响，随着与海岸线的逐渐接近，其影响范围逐渐收窄；进入到河口河段以后，这一影响慢慢消失。

（2）潜水的化学类型。 辽河下游平原滨海区域内潜水的化学类型可分为两大类：一类是海水型，另一类是海淡水混合型。

海水型潜水为 $Cl^- - SO_4^{2-} - Na^+ - Mg^{2+}$ 水，矿化度大于 30 克/升，分布在各河口三角洲区域内。根据对这一区域潜水与辽东湾海水的化学成分分析（表 1-8），二者的化学成分非常接近，但海水的 Na^+/Cl^- 当量浓度比大于潜水，矿化度远小于潜水。

海淡水混合型潜水为 $Cl^- - SO_4^{2-} - Na^+ - Mg^{2+}$ 水，或 $Cl^- - HCO_3^- - Na^+ - Mg^{2+}$ 水，分布于距海岸线较远的区域内，由海水与河水不同程度混合而成。此类潜水的 Na^+/Cl^- 当量浓度比大于海水型潜水，小于海水；而矿化度远远低于海水型潜水与海水。

（3）潜水的动态类型。 辽河下游平原滨海区域在进行大规模农业开发之前，潜水的动态类型可分为 4 种：

①淹水型。淹水型是指水田和有灌溉条件的苇田范围内，潜水的补给与消耗是由灌溉水的渗入和排水沟内水面高度所决定的。在

表 1－8　海水与滨海区域潜水化学成分对比

取样地点	离子	重量浓度 （克/升）	当量浓度 （毫克当量/升）	百分当量 （%）
大辽河河口处海水 （辽东湾海水）	$Na^+ + K^+$	7.47	324.83	78.65
	Ca^{2+}	0.37	10.24	2.99
	Mg^{2+}	0.86	71.96	17.42
	Cl^-	12.81	360.87	87.37
	SO_4^{2-}	2.36	49.12	11.89
	HCO_3^-	0.18	3.04	0.74
	Na^+/Cl^-		0.900	
	矿化度		24.00	
	化学类型		$Cl^- - SO_4^{2-} - Na^+ - Mg^{2+}$ 水	
大洼区赵圈河滩涂潜水 （海水型潜水）	$Na^+ + K^+$	10.22	444.55	71.56
	Ca^{2+}	0.66	33.05	5.32
	Mg^{2+}	1.75	143.63	23.12
	Cl^-	20.16	568.02	91.94
	SO_4^{2-}	2.27	47.29	7.61
	HCO_3^-	0.36	5.92	0.96
	Na^+/Cl^-		0.783	
	矿化度		35.42	
	化学类型		$Cl^- - SO_4^{2-} - Na^+ - Mg^{2+}$ 水	
盘山县灌区潜水 （海淡水混合型潜水）	$Na^+ + K^+$	1.35	58.67	74.10
	Ca^{2+}	0.14	6.94	8.76
	Mg^{2+}	0.16	13.57	17.14
	Cl^-	2.34	65.97	83.32
	SO_4^{2-}	0.34	7.08	8.94
	HCO_3^-	0.37	6.13	7.74
	Na^+/Cl^-		0.889	
	矿化度		4.71	
	化学类型		$Cl^- - HCO_3^- - Na^+ - Mg^{2+}$ 水或 $Cl^- - SO_4^{2-} - Na^+ - Mg^{2+}$ 水	

田面建立水层之前，潜水处于较低位置；从春季田面建立水层开始，潜水位逐渐抬升，一直抬升到排水沟所控制的位置，最高可抬升到地表；秋季田间撤水后，潜水位又逐渐回落。潜水位的年内变化规律明显，而年际之间基本稳定。

②灌溉型。灌溉型是指旱田范围内，潜水动态受灌溉、降水、横向流出与补入、蒸发和蒸腾等多因素影响，其中灌溉和降水是主要因素。在地势平坦的区域内，当田间灌水或有产生深层渗漏的降雨时，潜水位急剧上升，在排水不畅时可达地表；在灌水或降雨结束后，潜水位随田面蒸发和植物蒸腾而缓慢下降。在地势不平的区域内，潜水位的升降还与潜水的横向流入与流出相关。

③气候型。气候型是指没有灌溉条件的旱田和荒地区域。这类地区的潜水动态受降水、横向流出与补入、蒸发和蒸腾的影响。一般规律是，在雨季潜水位抬升，秋季开始下降，冬春季最低。在排水条件不好或遇到大雨时，潜水位也可能抬升至地表。

④浸润型。浸润型是指平原水库、大型渠道、水田以及河流附近，长期处于邻近高位地表水浸渍的区域。这一区域的潜水动态与浸润源水位密切相关。浸润源的水位越高，潜水位越高，影响范围越远。据盘锦灌区的测定，在渠水位高于地面 0.5 米时，对潜水的影响可达渠堤外 100 米。水位高于地面 1.5 米时，在有截水沟的条件下，影响范围为 90 米左右；无截水沟时，影响范围可达 500 米以上。

在实施大规模的农业开发以来，辽河下游滨海区域内的水文条件发生了重大变化，并由此导致了区域内的潜水动态类型的改变。目前，淹水型潜水在区域内占主导类型，面积最大，范围最广；灌溉型与浸润型潜水所占的比例已大幅下降；而气候型潜水已经基本消失。

(4) 潜水对土壤盐渍化的影响。由于区域内潜水埋藏浅，在夏秋季节，潜水深度普遍小于潜水临界深度，所以潜水矿化度与土壤盐渍化程度关系密切。资料显示（表 1-9），潜水矿化度越高，土壤含盐量越高，盐渍化程度越重。同时，潜水埋藏越浅，这一影响越显著。潜水埋深在 1.4～1.6 米以下，矿化度小于 5 克/升时，潜水位对土壤盐渍化程度影响较小，土壤盐分变化幅度也较小。

表 1-9 潜水埋深、矿化度与土壤盐渍化关系（第二次土壤普查资料）

测点编号	潜水埋深（米）	矿化度（克/升）	土壤盐分（%）	盐渍化程度
1	0.79	1.659	0.332	中度
2	0.89	1.045	0.278	中度
3	1.16	2.553	0.230	中度
4	1.31	2.314	0.246	中度
5	1.60	4.190	0.336	中度
6	1.70	5.141	0.232	中度
7	1.37	5.057	0.468	重度
8	1.51	5.955	0.477	重度

3. **滩涂** 由于河流携带泥沙入海，在辽东湾顶端的小凌河口至大清河口之间的岸段内，形成了一条宽阔的淤泥质粉沙潮间带滩涂。滩涂一般宽度在 3～4 千米，辽河口处最宽可达 8～9 千米。滩涂上潮沟发育，滩面平坦，平均坡降为 1/2 000～1/4 000。这些滩涂成为了辽河下游平原逐年扩大的前沿，也是区域内后备耕地的来源。根据河流的切割，可将整个滩涂大致分成 3 个区域。小凌河与大凌河之间为锦州市片区，滩涂总面积为 170.00 千米^2（上世纪末调查数据，下同）。大凌河与大辽河之间为盘锦市片区，总面积为 549.68 千米^2。大辽河与大清河之间为营口市片区，总面积为 132.00 千米^2。

滩涂是在河口水下三角洲和水下浅滩的基础上逐渐沉积、发育而成的。由河流携带的泥沙入海后，首先在河流入海口处沉积成水下堆积体，即水下三角洲。水下三角洲的前缘可延伸至 20 米水深线的位置，表面以 1/2 500～1/3 000 的坡度向深海中倾斜。随着沉积过程的持续，水下三角洲在逐渐抬升的同时，面积也在不断扩大，并与相邻河口的水下堆积体相连，形成水下浅滩。在水下三角洲和水下浅滩的基础上继续沉积，则发育为潮间带滩涂。

在近岸海域，由于注入水流的惯性、伴生湍流的扩散及潮波的推送等联合作用，河流携带的泥沙除大部分沉积在河口处以外，还有一部分集中沉积在河口的前方，形成河口近岸海域的典型地貌——拦门沙，也称为岛屿型滩涂。该类滩涂的滩面高程在-2.0～+3.0米，一般是涨潮淹没，落潮露出。辽河口门前最大的岛屿型水下滩涂，因盛产文蛤而闻名于世，被称为蛤蜊岗子。蛤蜊岗子距海岸线20～40千米，形状为狭长不规则形，面积为110.46千米²，滩面高程在1米以下。大辽河口门前的拦门沙浅滩区分布零散。规模最大的是西滩，面积为30.15千米²；其次是东滩，面积为8.81千米²。

滩涂土壤为盐土类，含滨海盐土和潮滩盐土两个亚类。由于成土母质以海积物为主，所以质地均匀，没有结构。潜水矿化度在30克/升以上。表土含盐量超过1.60%，pH一般为7.5～8.9，有机质含量一般在0.50%～1.50%，全氮一般在0.03%～0.09%，全磷一般在0.07～0.11%，全钾一般为2.00%左右。

在一般条件下，高程为-2.0～1.5米区域内的滩面上没有任何植物生长。高程在1.5～2.0米的滩面上，分布有大规模的单一盐地碱蓬群落。在2.0～3.0米高程，分布有由盐地碱蓬、芦苇、藨草组成的复合群落。在高潮位海水也极少达到的高程区间内，盐分较轻的区域可见稀疏分布的灰绿碱蓬；在地表积盐较严重的区域，则高等植物稀少；在积盐很重的区域，则为寸草不生的裸滩（图1-3）。

4. 河口海域

（1）潮汐。潮汐是海水在月亮与太阳引潮力作用下所发生的一种周期性涨落的运动现象。习惯上，将海面垂直方向的涨落称为潮汐，将海水水平方向的流动称为潮流；把白天的海水涨落称为潮，把夜晚的海水涨落称为汐。根据潮汐周期，可将潮汐类型分为全日潮、半日潮和混合潮3种。

辽东湾北部海域潮汐属于非正规半日混合潮，每天两涨两落，

a

b

c

图 1-3 辽东湾北岸滩涂

a. 生长茂密盐地碱蓬的滩涂 b. 生长稀疏盐地碱蓬的滩涂

c. 动物孔穴密度很高的裸滩

平均涨落潮历时 12 小时 24 分左右。每天内，较高的一次高潮称为高高潮，较低的一次高潮称为低高潮；较高的一次低潮称为高低潮，较低的一次低潮称为低低潮。相邻的高低潮位差称为潮差。由高潮到低潮的潮差称为落潮潮差，由低潮到高潮的潮差称为涨潮潮差（图 1-4）。

辽东湾海区潮汐的日不等现象显著，主要表现为涨落潮的历时不等和流速不等。海区内涨潮历时普遍短于落潮历时。其中，辽河口外平均涨潮历时 5 小时 40 分左右，平均落潮历时 6 小时 40 分左右；大辽河口外平均涨潮历时为 5 小时 50 分左右，平均落潮历时 6 小时 25 分左右。整个海区平均涨潮流速在 0.41～0.44 米/秒，平均落潮流速在 0.35～0.40 米/秒。普通情况下，每月农历初一的

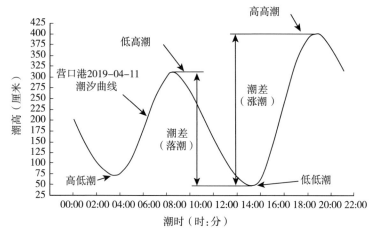

图1-4 辽东湾北部海区潮汐要素

满潮时间为12小时50分，随后每日向后推迟48分。海区内平均潮差为2.7米，最大潮差可达5.5米，是全国潮差最大的海区。在正常年份，每年的7～9月潮位较高，12月至翌年的2月潮位最低。

潮流方向按固定规律周而复始地变化。主流的方向是涨潮时东北向，落潮时西南向；表层余流的方向是春季多为西北或北偏西向，夏季为西北向。

（2）泥沙。 本海区内水体的泥沙含量与河流输沙量、季节、入海水流动力条件、潮波动力条件、潮汐、风速及波浪等因素密切相关。在一般条件下，大凌河口外海水的含沙量最高，辽河口外的含沙量中等，但浑浊范围最大，大辽河口外的含沙量最低。

在风浪较小的天气条件下，辽河口外海水的平均含沙量在0.15千克/米³左右；当风浪较大时，含沙量常常超过0.50千克/米³；在河流丰水期，最大可达到1.00千克/米³。另外，近岸浅海区的含沙量较高，而远岸深水区的含沙量较低；涨潮时海水含沙量较高，落潮时含沙量较低。

辽河口与大辽河口一带海区的悬移质主要为黏质粉沙。其中，

沙（≥0.05 毫米）占 15％左右，粉沙（0.05～0.005 毫米）占
60％左右，黏土（≤0.005 毫米）占 25％左右。

（3）海水表层盐度。 辽东湾北部海域表层海水盐度平均值在
29.0‰～30.0‰。由于河水的注入，近岸海域海水表层盐度迅速降
低，而且变化剧烈，其变化规律是：落潮时偏低，涨潮时偏高；夏
秋季偏低，冬春季偏高；丰水年偏低，枯水年偏高。感潮河段内河
水的盐度，主要取决于至河口的距离。距河口越远，盐度越低；距
河口越近，盐度越高。辽河下游小道子河段的盐度在 5.3‰～
14.0‰，三道沟河段为 11.0‰～19.0‰。

由于多条河流在此密集入海，所以海水中营养盐含量较高。据
测定，表层海水无机氮（DIN）的浓度，春季为 26.17～60.68 微
摩尔/升，夏季为 5.92～16.70 微摩尔/升；活性磷酸盐（PO_4-P）
的浓度，春季为 0.35～1.03 微摩尔/升，夏季为 0～0.17 微摩尔/升。

（4）海冰。 辽东湾是我国纬度最高的海湾，所以这里是全国冰
情最重的海域。海冰是这里的重要生态因子之一，也是这一片河口
海域的一道独特风景（图 1-5）。

图 1-5　辽东湾北岸滩涂的海冰景观

进入冬季以后，随着强冷气流沿着辽河下游平原谷地由北向南
推进，河口海域进入结冰期。一般先从岸边浅水低盐度区域的海面
形成分散浮冰，随着温度的进一步降低，浮冰冻结形成固定冰，浮
冰区域也逐渐向海内扩展。初冰期一般出现在 11 月中下旬，盛冰
期在翌年的 1 月中旬前后，终冰期为 3 月上中旬。整个冰期为 110

天左右。

在正常年份，固定冰带宽度为 20～30 千米，浮冰带可达 40 千米以上，海冰范围在 10 000 千米² 左右，冰的厚度一般为 25～40 厘米，最厚可达 60 厘米。在冰情较重的年份，海冰范围可达 15 000 千米²，普通冰厚在 50 厘米左右，最厚可达 100 厘米。

在潮汐与海浪的推拥下，破碎的冰块在滩涂上常有耸立、翻转、叠加与堆积现象。常见的堆积冰厚在 2.0～3.0 米，最高的堆积高度可达 7.5 米。海冰的盐度在 5.0‰～6.0‰，在每年春季的融化期间，可为滩涂表面提供一定量的"淡水"（微咸水），为盐地碱蓬等高等植物种子的萌发提供着重要保障。

（六）气候

1. **日照与气温**　辽河下游平原滨海区域全年平均日照时数为 2 768.5 小时。日照时数的年内变化呈双峰型。5 月为主高峰，峰值为 278.5 小时，9 月为次高峰，峰值为 250.0 小时，11 月为最低谷，谷值为 195.4 小时。年内日照百分率在 1 月最高，为 70%；进入雨季后，由于云量增多，日照百分率开始下降，8 月最低，为 56%；进入 9 月以后，天高云淡，日照百分率开始上升。

区域内全年平均气温为 8.7℃，其中有气象记录以来的最高温年平均气温为 9.7℃，最低温年平均气温为 7.0℃。在一年中，7 月为最热月，平均气温为 24.5℃，1 月为最冷月，平均气温为 −10.3℃。初霜日通常出现在 10 月上中旬，终霜日出现在翌年 4 月中下旬，平均无霜期 170 天。土层结冻期通常从 11 月上旬开始，至下旬完全封冻，最大冻土深度可达 110 厘米；解冻期通常从 3 月中旬开始，至 4 月中旬完全化通。

2. **降水与蒸发**　辽河下游平原滨海区域内全年平均降水量为 623.2 毫米，但年际间变化较大，丰水年可达 900 毫米以上，干旱年不足 350 毫米。降水的年内分布也不均匀，夏季平均降水量为 390 毫米，占全年的 62.9%，春季为 96 毫米，占全年的 15.5%，秋季为 121.0 毫米，占全年的 19.4%，冬季为 13.6 毫米，占全年的 2.2%。

区域内全年平均相对湿度为 66%。冬季水汽含量最低，但由于气温也低，所以相对湿度大于春季。春季的水汽含量虽然有所增加，但气温回升快、风速大，所以成为全年最干燥的季节。一般 3 月的相对湿度仅为 35%。在夏季，温度与湿度同时增加，7、8 两月的相对湿度在 85% 左右。进入秋季以后，随着北风的增加，相对湿度开始明显下降。

区域内全年平均风速为 4.3 米/秒，其中，4 月风速最大，可达 5.8 米/秒；8 月风速最小，为 3.3 米/秒。在一年中，3～8 月多南风、西南风，9 月至翌年 2 月多北风、东北风。

区域内全年平均蒸发量为 1 670 毫米，远远高于年降水量。在一年中，因为春季干燥风大，所以蒸发量也最大，最高峰出现在 5 月，蒸发量为 265 毫米。冬季的蒸发量最低，最低值出现在 1 月，为 38 毫米。秋季的蒸发量大于夏季。

二、滨海盐渍土的形成与演变

(一) 自然形成与演变过程

在海退及宏观地质构造运动的大背景下，经过河流冲积、河口沉积与海积的共同作用，现代辽河下游平原逐渐形成。由于海水的浸渍以及海水退出后盐分的残留，辽河下游平原滨海区域内的土壤基本上都属于滨海盐渍土。在自然生态条件的影响以及人类各种生产生活活动的干扰下，滨海盐渍土从其原始生成开始，就一刻也不停地沿着多种途径发生着一系列的演变。这一多途径的演变结果是生成了多种土壤类型（亚种）。土类演变的简略过程如图 1 - 6 所示。

首先，各河流携带着大量细小黏土颗粒、泥沙和生物质碎屑入海，遇到高盐度的海水后，细小黏粒发生絮凝作用，裹挟着泥沙与碎屑等物质，在河海混合流的推送下，在河口附近的沉积区域逐渐沉积，形成水下沉积物。随着沉积的持续，水下沉积物逐渐淤高、

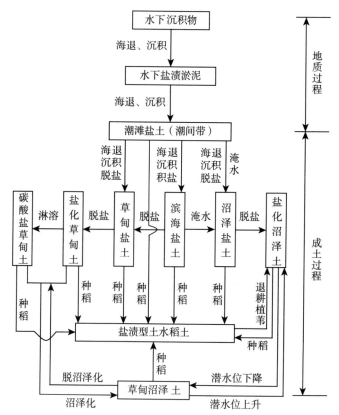

图 1-6 辽河下游平原滨海盐渍土演化过程简图

成片；随着淤积面的抬升，水深变浅，沉积作用逐渐增强，随后形成范围广大的水下盐渍淤泥。在水下盐渍淤泥的基础上进一步发展，形成高潮淹没、低潮出露的潮滩盐土。潮滩盐土的突出特点是可以生长繁茂的盐地碱蓬群落，俗称"红海滩"。

　　潮滩盐土在自然生态条件影响及人为干预下，存在多种演变方向。潮滩盐土的滩面（或称"地面"）高程继续抬升，达到高潮也不能淹没的状态后，滩面表层进入积盐过程，植被稀疏，只有少量盐地碱蓬和灰绿碱蓬可以生长，大部分为光板地，成为滨海盐土。潮滩盐土的滩面继续抬升并伴脱盐后，或滨海盐土脱盐后，可生长草甸植物，则成为草甸盐土。潮滩盐土逐渐远离海岸线后，或者滨海盐土进入淹水状态后，会有芦苇、藨草及蒲草等沼泽植物生长，则成为沼泽盐土。潮滩盐土在修建拦潮堤开垦成水田后，逐步变为盐渍型水稻土。

草甸盐土在继续脱盐的条件下，可演变为盐化草甸土。在地面抬升和潜水位下降的条件下，淋溶作用增强，盐化草甸土则可演变为碳酸盐草甸土。草甸盐土、盐化草甸土和碳酸盐草甸土，在种稻条件下，都可逐步变为盐渍型水稻土。

沼泽盐土在进一步脱盐条件下，可演变为盐化沼泽土。沼泽盐土和盐化沼泽土在种稻条件下，也可逐步变为盐渍型水稻土。盐化草甸土和碳酸盐草甸土在长期淹水的条件下，生长沼泽植物，可演变为草甸沼泽土；在持续沼泽化条件下，草甸沼泽土可进而演变为盐化沼泽土；而盐化沼泽土在脱沼泽化条件下，可转化为草甸沼泽土，进而还可以转化为盐化草甸土和碳酸盐草甸土。

（二）成土母质

辽河下游平原滨海区域内的成土母质以具有我国典型的第四纪海相沉积物为主要特征。在海浪、潮流与入海河流的共同作用下堆积，并常有海陆相更迭沉积的现象。在脱离海水浸没区域的表层，主要是冲积—洪积沉积物。各类沉积物基本为未固结的松散物质，颗粒粗细不等，没有结构。由于曾经或正在遭受海水浸渍，所以大量可溶性盐分在母质中存留、聚积、移动，这对成土母质的特性以及土壤的生成、发育与演变都有重大影响。

区域内的成土母质主要有以下 3 种类型：

①冲积—海积物。冲积—海积物属于混合型堆积物，集中分布在各河入海口的三角洲区域。在海岸线不断向辽东湾内推进的过程中，各河口三角洲也在不断前行，当年的三角洲如今早已成为远离海岸线的内陆，所以此类沉积物分布范围广泛。在整个辽河下游平原滨海区域的中部一带，北起北镇市新立乡南部，南到辽东湾岸线；东起盘山县古城子镇拉拉村，西至凌海市新安镇，都有此类沉

积物分布，是这一区域的主要成土母质。其形成以河流三角洲沉积的各类细颗粒物为主，也包括一部分沙质沉积。颗粒组成变化很大，从黏土到沙壤土都有分布。从地层结构上看，地表部多为黏土层，其下为黏土、沙土及粉沙互层，或为其透镜体。在地面高程为 3 米以下的范围内，这类母质上发育的土壤多为潮滩盐土和滨海盐土。在地面高程在 3～5 米范围内，这类母质上发育的土壤多为滨海盐土；在距海岸线较远的区域内，多为草甸盐土或盐化草甸土。

②冲积物。冲积物主要分布在河漫滩、低级阶地和平原内部。地面高程在 4～6 米。冲积物的颗粒组成变化较大。一是因为各河流的泥沙来源地不同。如辽河沿岸多为壤质冲积物，大凌河、绕阳河沿岸则多为沙质冲积物。二是因为水流的分选所致。表现为离河床越近，质地越粗；离河越远，质地越细。由此类冲积物发育而成的土壤多为碳酸盐草甸土。

③洪积—冲积物。洪积—冲积物属于混合型堆积物，主要分布在辽河下游平原滨海区域东西两侧，以及河道坡降变缓的洪积—冲积扇前缘部位。地面高程通常在 5～7 米，质地多为壤土，由此发育而成的土壤多为盐化草甸土和碳酸盐草甸土。

（三）人类活动的影响

据史料记载，西汉时期在黑山、辽中一线以南的"沼泽泥滩、莽莽水草"之中，就有人类活动的痕迹。在随后海岸线不断南移的过程中，人类追逐水草的脚步更是越来越清晰、紧密。可以说人类活动始终伴随着辽河下游平原滨海盐渍土的生成、发育与演变的全过程。根据人类活动对区域内盐渍土影响的强弱程度，可大致分为 4 个阶段。

①原始阶段（1900 年以前）。在明朝时期，朝廷就制定有屯垦政策，鼓励边民开荒种地其间，陆续有移民迁入辽河下游平原滨海区域内居住，并开展垦荒种地与制盐等活动。在清朝时期，以 1653 年清政府颁布《辽东招民开垦条例》为标志，先后出现 4 次

移民潮，陆续有直、豫、鲁、晋等地的居民迁入，在区域内逐渐形成村屯。当时尽管有成批的外地人口输入，但与广袤的平原相比，人口还是处于极稀少状态，加之当时的生产力低下，因此，人类的活动范围仅零星分布在离海岸线较远，土壤盐渍化程度较低，土壤较肥沃的区域内，人类活动对区域内盐渍土的影响十分微弱，盐渍土的形成与演化完全在自然条件下进行。

②自然主导阶段（1900—1960 年）。在这一阶段内的前半段（1900—1949 年），首先是以英国商人投资修建沟（沟帮子）营（营口）铁路、开凿新开运河、修建马其顿闸、开发苇场等经营活动为代表的外国资本的进入。随后是 1932—1945 年，日本侵略者向辽河下游平原滨海区域移民（2 262 户，9 429 人）、成立农场（大同、朝农集团、大友等）、修建抽水站（田庄台、荣兴等）、修建平原水库（疙瘩楼、荣兴）、经营海水盐场、经营苇场等，大肆开展掠夺式资源开发。区域内的人类活动开始对滨海盐渍土的形成与演变产生影响。在后半段（1949—1960 年）新中国成立以后，百废待兴。人民政府迅速医治战争创伤，组织恢复生产。当时以建立国营农场为主要形式，进入了有组织、有计划的水土资源开发阶段。即便这样，限于当时的生产力条件，还有大面积的盐碱荒滩和低洼沼泽之地人迹罕至，因此这一地区被称为辽宁的"南大荒"。在这一阶段，人类活动的影响轻微并带有鲜明的局域性，总体上盐渍土的形成与演化主要还是在自然条件下，依靠自然的力量逐次演进，土壤脱盐缓慢。

③自然与人类共同主导阶段（1960—1990 年）。在这一阶段内，经历了 3 次农业大开发。第一次在 20 世纪 60 年代，其间营口市（以营口县西部 6 个公社为代表）集中开垦水田 384.0 千米^2，基本消灭了盐碱荒地，同时开发盐田 175.0 千米^2。盘锦市开垦水田 421.0 千米^2，新增苇田灌溉面积 147.0 千米^2。第二次在 70 年代后期，开发的中心在盘锦市范围内，新开垦水田 344.0 千米^2（图 1-7、图 1-8），新增苇田灌溉面积 143.0 千米^2（图 1-9）。此间，营口市的盐田面积增加至 206.1 千米^2，锦州市开发盐田

图 1-7　防潮堤内新开垦的水田（田埂上全部为灰绿碱蓬）

图 1-8　开垦多年的水田

图 1-9　一望无际的芦苇荡

36.1 千米^2。第三次是在 80 年代后期，在国家农业综合开发项目和世界银行贷款的资助下，整个辽河三角洲地区修建防潮堤 24 千米，围垦滩涂 313.0 千米^2，开垦盐碱荒地 79.0 千米^2，新增苇田灌溉面积 55.0 千米^2。同期，滩涂水产养殖产业开发进入高潮阶段。以对虾养殖和贝类管养为代表的海水养殖占用滩涂 255.0 千米² （图 1-10）。在这一阶段内，除双台子河口自然保护区外，整个辽河下游平原滨海区域内，还处于完全自然生态状态的部分已所剩无几。水田、苇田、油田（图 1-11）及海产养殖项目修建的沟渠、路网，基本上覆盖了全部的陆地（含部分滩涂）面积。区域内各类盐渍土整体上脱盐速度加快。盐渍土的形成与演化有显著的人为干扰迹象，是在自然与人类共同主导条件下进行。在营口市范围内，以盐化草甸土、盐化沼泽土、碳酸盐草甸土及草甸沼泽土向盐渍型水稻土过渡为主要形态。盘锦市范围内盐渍土的演变过程复杂，几乎涵盖图 1-6 的全部内容与过程；但其中，80 年代后期辽河三角洲水田开发范围内，主要为潮滩盐土和滨海盐土向盐渍型水稻土过渡的形态。

a　　　　　　　　　　　b

图 1-10　滩涂海产养殖

a. 潮间带的海参养殖　b. 潮上带的贝类养殖

图 1-11　位于滩涂上的油田矿区

④人类主导阶段（1990 年以来）。20 世纪末期以来，随着经济社会的飞速发展及生产力水平的迅速提升，人类改造自然的能力达到了前所未有的高度。以辽河下游平原滨海区域填海造地（图 1 - 12）、滨海公路的贯通和拦海防潮堤的修建（图 1 - 13）为标志，人类的集约化生产开发活动，已由陆地推进到了浅海之中。各类开发活动所修筑的路（堤）等工程，在很大程度上隔断了路（堤）内外天然水系的联通。虽然在部分路（堤）与潮沟相交处留有涵洞，但过水断面狭窄，水体交换量大为降低，水体交换的生态作用微弱。路（堤）以内的区域，基本上处于各类人为开发的控制之下。路（堤）以外的滩涂，除少量为油田开发占用外，基本上为海产养殖项目所占用。近年在海参养殖项目的推动下，在原潮上带（高潮滩）滩涂池塘养殖的基础上，又开发了潮间带及以下（中潮滩及低潮滩）围堰养殖 80.5 千米²，使大片滩涂在并未完全露出海面时，就已处在人类的控制之下（图 1 - 14）。所以进入这一阶段以来，辽河下游平原滨海区域各类盐渍土的演变，基本上是在人类的干预，甚至是控制下进行的。

图 1 - 12　填海造地

图 1 - 13　修筑防潮堤

图 1-14　辽河口右侧滩涂海产养殖现场图

近年来，区域内各地、各级政府高度重视生态保护与恢复工作，使原来辽东湾北岸沿海滩涂与湿地无序开发的情况得到了遏制。在这一背景下，辽河下游平原滨海盐渍土的演变可能由此进入一个新阶段。

以盘锦市为例：从 2015 年开始，在中央财政的大力支持下，在辽河口两侧 200 千米^2 的滩涂范围内，开展了"退养还滩"生态修复工程；同时在 350 千米^2 的芦苇沼泽湿地范围内，开展了以"封、拆、改、育"为核心的湿地生态恢复工程。其中："封"即为对芦苇沼泽湿地实施封闭管理，"拆"即为拆除油田井场及相关道路等工程设施，"改"即为改善湿地水网条件，"育"即为湿地动植物抚育。

几年来，随着相关工程的实施，盘锦市的滩涂与滨海芦苇湿地内的产业布局与生态条件，正在发生着深刻的变化。其中，滩海水产养殖项目正在逐步退出，原养殖池也在逐步拆除，原潮沟也在疏通恢复中。原来辽河左岸的"醉美湿地"景区、辽河右岸的"辽河口红海滩旅游区"已经关闭，景区内的所有旅游服务设施已经拆除。同时，油田矿区的撤出工作正处在按部就班地推进中。由此可以推断，辽河下游平原滨海盐渍土的生成、发育与演变，有可能重新进入一个自然与人类共同主导阶段。

主 要 参 考 文 献

巴殿璞，贺传义，姜玉田，1997. 盘锦农业 ［M］. 沈阳：辽宁人民出版社.

符文侠，何宝林，刘炜，1991. 大小凌河扇形地第四纪地层与沉积物特征的初步研究 ［J］. 海洋湖沼通报（4）：44－51.

孔维翰，2014. 辽河下游平原第四纪微体古生物和气候 ［D］. 大连：辽宁师范大学.

辽宁省计划经济委员会，1986. 辽宁省国土资源地图集 ［M］. 北京：测绘出版社.

辽宁省区域地层表编写组，1976. 东北地区区域地层表（辽宁省分册） ［M］. 北京：地质出版社.

林汀水，1991. 辽东湾海岸线的变迁 ［J］. 中国地理历史论丛（2）：1－13.

刘炜，1989. 辽东湾海岸地貌近代演化特征 ［J］. 辽宁地质（1）：46－56.

宋文利，刘兴政，2006. 盘锦档案通览 ［M］. 北京：人民日报出版社.

王东阁，2014. 辽河三角洲盐渍土区水土资源利用技术及发展方向 ［J］. 北方水稻（4）：1－6.

肖忠纯，2010. 辽宁历史地理 ［M］. 长春：吉林大学出版社.

许坤，李宏伟，邱开敏，2002. 辽河下游平原—辽东湾的新构造运动 ［J］. 海洋学报，24（3）：68－71.

张景奇，2007. 辽东湾北岸岸线变迁与土地资源管理研究 ［D］. 长春：东北师范大学.

张明，郝品正，冯小香，等，2010. 辽河口三角洲前缘岸滩演变分析 ［J］. 海洋湖沼通报（3）：142－147.

中国科学院《中国自然地理》编辑委员会，1982. 历史自然地理 ［M］. 北京：科学出版社.

朱清海，任玉民，1991. 盘锦土壤及改良利用 ［M］. 沈阳：辽宁大学出版社.

第二章　滨海盐渍土的
类型与特性

一、潮滩盐土

（一）潮滩盐土的发生与形成

潮滩盐土广泛分布在辽河下游滨海区域海陆相交的潮间带上。潮滩盐土是滨海盐渍土形成过程中最初始的一个土（亚）类，其余各土（亚）类都是由其发育演变而来的。

在过去，土壤学界并没有将潮滩盐土列为一种土壤，而仅将其视为一种"滨海幼年沉积物"。然而事实上，虽然它没有完全摆脱海水的周期性淹没与浸泡，还处于第四纪以来的近代沉积过程中，但是由于其上不仅有大量的藻类等低等生物生长，有沙蚕、天津厚蟹等动物栖息繁衍；更重要的是其含有有机质、氮磷钾及其他微量元素等营养物质，具有肥力特征；其上可以生长盐地碱蓬、芦苇等高等植物。因此，从土壤发生学的角度来看，它不单纯是一个盐渍化的泥沙沉积物，而是一种地质沉积过程与成土过程相伴进行、互为消长、正处于逐步发展阶段的海滩土壤。至20世纪80年代中期，土壤学界逐渐达成共识，将其列为滨海盐渍土的一个亚类，定名为潮滩盐土。1983—1986年，辽宁省盐碱地利用研究所（以下简称"盐碱地所"）首次立项，开展了潮滩盐土调查（图2-1）。

潮滩盐土的成土母质（沉积物）主要是河流远距离搬运来的泥沙，其中80%的泥沙是在汛期由洪水携带而来。此外还有海流近

图 2-1 潮滩盐土调查

a. 跨越潮沟 b. 挖掘剖面 c. 采取土样 d. 现场记载

距离输送的悬移质和海洋生物残体等物质。

泥沙等沉积物在河口的沉积是一个复杂的物理化学过程。一方面，河水流出河口后，进入宽阔的海域，流速急剧下降，导致河流的搬运能力呈几何级数降低，所携带的泥沙便集中沉淀下来。另一方面，浑浊的河水遇到海水时，在电解质的作用下，河水中的细沙粒、黏粒及生物质碎屑等微粒表面的电荷被中和，使微粒表面的电量下降，微粒间的排斥力减弱，从而使微粒相互吸引、靠拢、集聚，逐渐形成大小不等的松散微粒集合体或松散絮团，即产生絮凝作用。絮团在重力的作用下缓慢下沉，在水下形成 2～10 厘米、厚薄不均的乳状浮泥。随着沉积的持续，浮泥与泥沙一起累积，并固结为水下沉积体。絮团的形成与沉积主要取决于电解质的种类与浓度、河水中微粒的粒径级配与矿物组成及水体温度等因素。

在河水、潮汐、海流及波浪的综合水流推送下，水体中的沉积物逐渐在河口区域及河口两侧的岸段内沉积，并沿海岸线形成水下沉积带。随着沉积的持续与淤积面的抬升，水深逐渐变浅，沉积作用逐渐增强，形成范围广大的水下盐渍淤泥滩。在水下盐渍淤泥滩的基础上进一步发展、增高，形成高潮淹没，低潮出露的潮滩盐土。

潮滩盐土中有低等植物——藻类 20 多种，其中以硅藻门的圆筛藻、菱形藻和直链藻等为主。它们不仅可以浮游在水中，也可以生长在滩涂表面，还可以生长在土层之内。它们通过光合作用生产有机质，成为初级生产力的主要贡献者。此外，在中潮带及以上区域还有高等建群植物近 10 种，主要有盐地碱蓬、芦苇、香蒲、蕙草、灰绿碱蓬等。在这些高等植物的生长繁衍过程中，不仅可以通过植株残体的腐解增加土壤养分；还可以通过根系的穿透、挤压以及根系与根际土体的物质交换等理化作用，为土壤结构形成创造条件。

潮滩盐土中栖息着多种数量巨大的底栖动物，主要有泥螺、蟛蜞等软体动物，沙蚕、海蚯蚓等环节动物，天津厚蟹、宽身大眼蟹、颗粒关公蟹等节肢动物，鱼类有弹涂鱼等。这些动物通过摄取浮游生物、有机质碎屑，再经过消化排泄，为土壤提供养分。同时，由于这些底栖动物的存在，潮滩盐土区又成为众多鸟类的觅食、栖息及繁衍之地（图 2-2、图 2-3）。鸟类的排泄物使土壤再一次得到了养分的补给。

潮滩盐土上栖息的动物基本都有在洞穴中生活的习性。他们在挖掘洞穴和通道的过程中，搅动、掺混、搬运泥土，在制造孔洞、土丘等微形态的同时，使土体松动，增加了空隙，增强了通透性。其中最突出的是在中潮带以上的滩涂上广泛分布着大大小小的蟹洞。这些蟹洞密度不均，由每平方米几个到几百个不等；深度大多在 20～30 厘米，最深的可达 50 厘米。这些蟹洞改变了土体内的水流形态，增加了地下径流与水体交换量，增强了土壤剖面的垂直与横向的渗透性，对潮滩盐土的发育与演变发挥着特别重要的作用（图 2-4）。

a

b-1   b-2

图2-2　鸟类在潮滩盐土上捕食

a.黑嘴鸥捕食天津厚蟹　b-1、b-2.大杓鹬捕食天津厚蟹

图2-3　栖息在潮滩盐土上的庞大鸟群

a   b

图2-4　潮滩盐土上的蟹洞

a.新挖掘的蟹洞　b.洞穴中的天津厚蟹

（二）潮滩盐土的一般特征

1. **盐分**　潮滩盐土的地面高程在-1.5～2.5米。由于其脱胎于长期周期性受海水浸泡的水下沉积体，所以土体内的可溶性盐类含量很高。其表层0～20厘米土体的全盐量一般在1.3%～2.6%，

最高的也可超过 3.0%。表层以下各层的盐分含量略有下降，但总体上在剖面内分配比较均匀（图 2-5）。全剖面呈微碱性反应，pH 在 7.68～8.30。潜水矿化度一般在 20～30 克/升。其中，河口两侧岸段的潜水矿化度较低，两河口之间岸段的偏高。

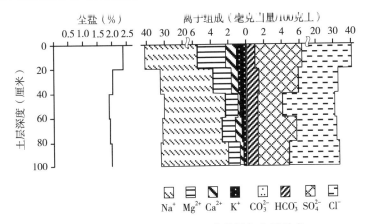

图 2-5　潮滩盐土典型剖面全盐量与离子组成

　　潮滩盐土的盐分组成与海水的化学成分基本一致，以氯化钠为主。其中：Cl^- 占阴离子总量的 84.1%～88.9%，SO_4^{2-} 占阴离子总量的 7.6%～12.9%，HCO_3^- 占 1.2%～2.3%，CO_3^{2-} 基本没有，有时即使在很小的范围内出现，其含量也很低；阳离子以 Na^+ 为主，占阳离子总量的 84.1%～90.3%，Mg^{2+} 占 5.1%～8.9%，Ca^{2+} 占 1.4%～3.4%，K^+ 占 0.5%～2.0%。

　　盐分的含量在不同潮带间存在一定差异。在低潮带，由于潮水淹没时间长，落潮间隙短，所以盐分偏低；反之，在高潮带，由于潮水淹没时间短，而落潮间隙相对较长，所以盐分偏高。盐分的含量在各岸段间没有明显的、规律性的差异。

　　2. 质地　潮滩盐土的质地主要取决于河流所携带泥沙的机械组成。辽河、大辽河输送的泥沙颗粒较细，大清河、大凌河及小凌河的泥沙颗粒相对较粗。因此，辽河口、大辽河口两侧岸段以灰黑色淤泥质黏土偶夹细粉沙为主，其他岸段以壤土为主（表 2-1）。

表 2-1　各岸段典型剖面潮滩盐土土壤质地情况

粒级	粒径（毫米）	大辽河口左岸段（%）	辽河口左岸段（%）	辽河口右岸段（%）	大凌河口左岸段（%）
细沙粒	0.25~0.05	5.10	1.27	5.19	8.30
粗粉粒	0.05~0.01	31.75	32.24	33.97	38.84
细粉粒	0.01~0.005	6.87	18.52	8.26	4.11
粗黏粒	0.005~0.001	12.11	6.34	4.64	7.32
黏粒	<0.001	27.54	36.79	28.93	19.64

　　由于潮汐与波浪所形成综合水流的沉积分异作用，使颗粒较粗的沉积物大部分沉积在低潮区；而颗粒较细的部分，则可被推送到高潮位一线的远端。这就使潮滩盐土出现了从高潮位至低潮位土壤质地由细变粗、黏粒含量逐渐减少的规律（表 2-2）。在垂直于海岸线的横剖面上，也常表现为岸边一侧的淤泥层较厚、海边一侧则较薄的规律。

表 2-2　辽河口左侧岸段典型剖面土壤质地分布状况

样点	层次（厘米）	沙粒（%）		粉粒（%）		黏粒（%）	质地
		1.00~0.25毫米	0.25~0.05毫米	0.05~0.01毫米	0.01~0.001毫米	<0.001毫米	
低潮带	0~20	0.06	24.51	45.43	9.01	21.09	壤土
	20~40	0.05	29.74	41.30	7.82	21.09	壤土
	40~60	0.04	36.47	32.50	8.46	22.53	沙壤
	60~80	0.04	40.87	33.58	5.02	20.15	沙壤
	80~100	0.05	42.78	28.26	6.74	22.17	沙壤
中潮带	0~20	0.00	19.53	46.96	8.54	24.97	壤土
	20~40	0.15	30.68	40.92	8.75	19.70	壤土
	40~60	0.01	32.48	37.28	11.28	18.96	沙壤
	60~80	0.05	36.60	33.70	10.67	18.98	沙壤
	80~100	0.05	34.75	33.98	8.71	22.51	沙壤

（续）

样点	层次 （厘米）	沙粒（%）		粉粒（%）		黏粒（%）	质地
		1.00～0.25 毫米	0.25～0.05 毫米	0.05～0.01 毫米	0.01～0.001 毫米	<0.001 毫米	
高潮带	0～20	0.01	6.66	42.53	16.55	34.25	黏土
	20～40	0.10	5.03	40.24	20.67	33.93	黏土
	40～60	0.01	5.00	43.42	17.19	34.38	黏土
	60～80	0.24	7.85	43.58	14.89	33.44	黏土
	80～100	0.02	3.49	46.66	15.18	34.65	黏土

各岸段潮滩盐土的矿物组成基本相同，同一剖面的上下层间也比较一致，没有明显分异现象（表 2-3）。其中以 SiO_2 为主要成分，含量多在 60%～70%，Al_2O_3 次之，含量多在 11%～13%，而 CaO、MgO、TiO_2、FeO 等含量很低。其中 Al_2O_3 与 Fe_2O_3 等成分含量较高时，可使土壤粒径偏细，成为黏质土。

表 2-3　潮滩盐土典型剖面土壤矿物全量分析结果（主要成分）

样点	深度 （厘米）	SiO_2 （%）	Fe_2O_3 （%）	Al_2O_3 （%）	K_2O （%）	Na_2O （%）	CaO （%）	MgO （%）	TiO_2 （%）	FeO （%）
营口二道沟	0～20	68.62	2.56	12.38	2.74	2.24	1.82	1.36	0.56	1.19
	20～40	69.40	2.64	12.26	2.74	2.70	1.82	1.16	0.51	0.99
	40～60	69.38	2.92	12.38	2.81	2.74	1.65	1.31	0.48	0.74
	60～80	71.26	2.21	12.13	3.00	2.79	1.34	1.16	0.41	0.88
	80～100	70.30	2.57	12.29	2.83	2.74	1.51	1.11	0.46	0.83
盘锦荣兴	0～20	66.92	3.80	12.88	2.60	3.24	1.37	2.02	0.64	0.94
	20～40	66.64	4.10	13.88	2.65	3.00	1.10	2.05	0.70	1.06
	40～60	67.16	4.32	13.09	3.00	3.00	1.44	1.58	0.69	0.79
	60～80	67.16	4.17	12.94	2.82	3.24	1.54	1.46	0.67	0.87
	80～100	68.38	3.91	12.77	2.74	3.26	1.30	1.53	0.63	0.83

（续）

样点	深度 （厘米）	SiO₂ （%）	Fe₂O₃ （%）	Al₂O₃ （%）	K₂O （%）	Na₂O （%）	CaO （%）	MgO （%）	TiO₂ （%）	FeO （%）
	0～20	71.00	1.29	10.86	2.78	2.69	1.78	1.65	0.64	0.65
	20～40	70.38	1.50	11.13	2.81	2.80	1.82	1.61	0.64	0.61
锦州 大有	40～60	70.10	2.70	13.99	3.07	2.23	1.60	2.20	0.64	0.71
	60～80	63.94	2.87	12.84	3.01	2.54	1.46	2.09	0.66	0.71
	80～100	67.86	2.02	11.57	2.92	2.85	1.50	1.77	0.71	0.61

3. 养分 由于河水中及其所携带的泥沙中都含有一定的养分，再加上前述滩涂生物活动所制造养分的积累，所以潮滩盐土中含有一定量的有机质、氮磷钾及微量元素等养分。其中有机质的含量一般在 0.50%～1.50%，全氮在 0.031%～0.091%，全磷（P_2O_5）在 0.070%～0.118%，全钾（K_2O）在 2.291%～3.359%。关于潮滩盐土养分的具体情况，将在后面的土属表述中详细介绍。

潮滩盐土的有机质及其他营养元素含量与土壤质地密切相关。质地偏黏的土壤，土粒粒径细小，比表面积大，对养分的吸附能力大，有机质及氮、磷、钾含量较高；反之，质地偏沙的土壤，土粒粒径较粗，比表面积小，对养分的吸附能力弱，养分含量就偏低。

另外，由于潮滩盐土经常处于潮水淹没之下，即使在退潮期间，大部分土体也处于水分饱和状态，所以其基本处于还原状态，氧化还原电位较低。中潮带以下表层氧化还原电位大多为负值；高潮带表层氧化还原电位为正值。而且质地越黏，有机质含量越高，还原性越强。

不同岸段潮滩盐土的微量元素含量差异较大（表2-4）。通常情况下，质地偏黏的土壤，微量元素含量较高；质地偏沙的土壤，含量较低。在检测的 5 项指标中，锰的含量最高，锌、硼、铜次之，钼的含量最少。从土壤供肥能力角度分析，营口和盘锦样点的微量元素含量属于中等偏低水平，锦州样点的，属较低水平。

表2-4 潮滩盐土典型剖面土壤微量元素（部分）含量

采样地点	深度（厘米）	锰（毫克/千克）	锌（毫克/千克）	铜（毫克/千克）	硼（毫克/千克）	钼（毫克/千克）
营口二道沟	0～20	$\dfrac{725.00}{9.32}$	$\dfrac{66.30}{1.40}$	$\dfrac{21.30}{3.28}$	$\dfrac{78.00}{6.60}$	$\dfrac{0.47}{0.15}$
	20～40	$\dfrac{675.00}{7.62}$	$\dfrac{60.50}{1.32}$	$\dfrac{25.50}{3.76}$		
盘锦荣兴	0～20	$\dfrac{665.00}{9.06}$	$\dfrac{90.00}{0.72}$	$\dfrac{22.50}{1.62}$	$\dfrac{57.00}{7.80}$	$\dfrac{0.50}{0.17}$
	20～40	$\dfrac{650.00}{8.68}$	$\dfrac{70.00}{0.52}$	$\dfrac{15.00}{1.54}$		
锦州大有	0～20	$\dfrac{405.00}{16.22}$	$\dfrac{47.50}{2.56}$	$\dfrac{7.50}{2.38}$	$\dfrac{56.00}{4.34}$	$\dfrac{0.32}{0.18}$
	20～40	$\dfrac{395.00}{14.50}$	$\dfrac{47.50}{2.06}$	$\dfrac{7.50}{2.40}$		

注：表中微量元素数据中，分子为全量值，分母为速效值。

4. **土属分类** 在对潮滩盐土定名时，按照有机质含量和质地的不同，将潮滩盐土划分为高肥黏质潮滩盐土、中肥黏壤质潮滩盐土、低—中肥沙壤质潮滩盐土和低肥沙质潮滩盐土4个土属。但实践证明，这种划分方式所采用的指标范围与名称，不能准确反映辽河下游潮滩盐土区域性变异的实际情况。故此，本文按照原土属划分的基本原则，重新将辽河下游潮滩盐土划分为中肥黏质潮滩盐土、中肥黏壤质潮滩盐土、低肥黏壤质潮滩盐土和低肥壤质潮滩盐土4个土属（表2-5）。

表2-5 辽河下游平原滨海区域潮滩盐土土属分类指标（%）

分类指标	低肥壤质潮滩盐土	低肥黏壤质潮滩盐土	中肥黏壤质潮滩盐土	中肥黏质潮滩盐土
有机质	0.50～1.00	0.50～1.00	1.00～1.50	1.00～1.50
<0.01毫米黏粒占比	<25.0	25.0～30.0	25.0～30.0	>30.0

各土属在不同岸段的分布，主要取决于各河流所携带泥沙的质

地。大凌河口两侧、小凌河口左侧及大清河口右侧岸段，以低肥壤质潮滩盐土和低肥黏壤质潮滩盐土为主；辽河口与大辽河口两侧岸段，以中肥黏质潮滩盐土和中肥黏壤质潮滩盐土为主。各土属在区域内常呈复区分布。

（三）潮滩盐土的剖面特征及主要理化指标

1. 中肥黏质潮滩盐土　中肥黏质潮滩盐土主要分布在辽河口与大辽河口之间的偏辽河口一侧岸段的滩涂内，其他岸段有零散分布。滩面常见面积较大的盐地碱蓬群落，并伴小规模芦苇、扁秆藨草等群落（图 2 - 6）。盐地碱蓬平均株高 30～40 厘米，覆盖度50%～70%。滩面平坦黏滑，无波纹，淤泥层深厚，一般厚度在40 厘米左右，泥质稀软，陷脚深，人行走困难。淤泥层下面为青灰色潜育层。滩面蟹洞很多，一般密度 10～20 个/米^2，最高密度达 250 个/米^2 以上（图 2 - 7）；最大洞直径为 5.0 厘米，最小为0.5 厘米。土质较黏，透水性差，在落潮期间表层有积盐现象。

图 2 - 6　中肥黏质潮滩盐土上的植被

中肥黏质潮滩盐土典型剖面，以盘锦赵圈河挡潮堤外滩涂样点为例，描述如下：

0～20 厘米，暗灰色，干时呈浅灰色，黏土，泥糊状，水分饱和，一般陷脚 30 厘米左右，干时呈硬块状，无结构；

20～40 厘米，暗灰色，干时呈浅灰色，黏土，无明显结构，

图 2-7 中肥黏质潮滩盐土上的蟹洞分布

水分过饱和，稍显紧实，干时成硬块；

40～60 厘米，青灰色，干时呈浅灰色，黏土，无结构，无锈斑，松散，水分饱和；

60～80 厘米，青灰色，干时呈灰色，黏土，无结构，较紧，干时成硬块，水分饱和；

80～100 厘米，青灰色，干时呈灰色，黏土，无结构，较紧，水分饱和。

中肥黏质潮滩盐土的养分含量较高，保肥性较好。从土壤剖面（表 2-6）上看，上层土壤养分含量最高，向下有逐渐降低的趋势。在 1 米土层之内，有机质含量一般在 1.00%～1.50%；全氮含量在 0.035%～0.090%，碱解氮在 25～50 毫克/千克，用土壤肥力标准衡量，其氮素含量属偏低水平。全磷含量在 0.085%～0.110%，属中等偏低水平；但有效磷含量在 15～40 毫克/千克，属较高水平。全钾含量为 2.500%～4.000%，速钾含量为 500～900 毫克/千克，都属较高水平。

该类土的质地以黏土为主，并且在 1 米土层剖面内比较均匀，上下变化不大（表 2-7）。其中，粒径小于 0.001 毫米黏粒的含量在 31%～37%，粒径为 0.01～0.001 毫米的细粉粗黏粒的含量在 15%～29%，粒径为 0.05～0.01 毫米的粗粉粒的含量在 35%～47%，粒径为 0.25～0.05 毫米的粗沙粒的含量在 3%～7%。

表 2-6　中肥黏质潮滩盐土典型剖面土壤 pH 及养分含量

采样地点	深度（厘米）	pH	有机质（%）	氮（N）		磷（P₂O₅）		钾（K₂O）	
				全量（%）	速效（毫克/千克）	全量（%）	有效（毫克/千克）	全量（%）	速效（毫克/千克）
营口四道沟	0～20	7.80	1.21	0.097	85.05	0.108	19.02	3.096	925.40
	20～40	8.00	1.09	0.077	51.03	0.118	23.41	2.291	818.98
	40～60	7.90	1.23	0.063	39.69	0.110	21.36	2.834	786.59
	60～80	7.90	1.08	0.060	40.82	0.113	14.63	3.096	698.68
	80～100	8.00	1.25	0.051	35.54	0.093	14.63	3.228	971.67
盘锦赵圈河	0～20	8.00	1.45	0.038	24.95	0.085	33.65	2.528	620.01
	20～40	8.10	1.40	0.035	34.02	0.097	38.62	3.301	532.11
	40～60	8.15	1.37	0.039	34.02	0.092	38.62	3.250	573.59
	60～80	8.00	1.37	0.042	35.15	0.090	39.50	2.965	559.87
	80～100	8.01	1.23	0.031	38.56	0.076	36.58	3.249	508.97

表 2-7　中肥黏质潮滩盐土典型剖面土壤颗粒组成

采样地点	层次（厘米）	沙粒（%）		粉粒（%）		黏粒（%）	质地
		1.00～0.25毫米	0.25～0.05毫米	0.05～0.01毫米	0.01～0.001毫米	<0.001毫米	
营口四道沟	0～20	0.01	6.66	42.53	16.56	34.25	黏土
	20～40	0.13	5.03	40.24	20.67	33.93	黏土
	40～60	0.01	5.00	43.42	17.29	34.38	黏土
	60～80	0.24	7.85	43.58	14.89	33.44	黏土
	80～100	0.02	3.49	46.66	15.18	34.65	黏土
盘锦赵圈河	0～20	0.01	4.25	35.51	28.46	31.77	黏土
	20～40	0.02	0.88	42.00	20.14	36.98	黏土
	40～60	—	6.42	36.80	21.77	35.01	黏土
	60～80	—	6.20	36.51	24.02	33.27	黏土
	80～100	—	4.41	44.85	17.18	33.51	黏土

该类土 1 米土体的盐分含量变化不大，表层略高，以下各层比较均匀（表 2-8）。全盐含量一般在 1.23%～1.69%。在阴离子组成中，Cl^- 含量最高，占阴离子当量浓度的 81.8%～88.8%。其次是 SO_4^{2-}，占 6.4%～13.5%。HCO_3^- 最低，占 4.5% 左右。在阳离了组成中，Na^+ 含量最高，占阳离子当量浓度的 82.6%～89.4%。其次是 Mg^{2+}，占 5.6%～11.5%。Ca^{2+} 和 K^+ 最低，分别占 3.5% 左右和 2.5 左右。

表 2-8 中肥黏质潮滩盐土典型剖面土壤盐分离子组成

样点	深度（厘米）	HCO_3^-	Cl^-	SO_4^{2-}	Ca^{2+}	Mg^{2+}	Na^+	K^+	全盐
营口四道沟	0～20	1.024 / 0.062	20.00 / 0.710	3.154 / 0.151	1.152 / 0.023	2.880 / 0.035	19.54 / 0.458	0.605 / 0.024	48.36 / 1.454
	20～40	0.966 / 0.059	17.00 / 0.604	2.822 / 0.135	0.864 / 0.017	1.037 / 0.013	18.31 / 0.421	0.577 / 0.023	41.58 / 1.272
	40～60	0.893 / 0.054	17.00 / 0.604	2.016 / 0.097	0.720 / 0.014	1.008 / 0.012	17.63 / 0.406	0.549 / 0.021	39.82 / 1.208
	60～80	1.022 / 0.062	18.00 / 0.639	1.296 / 0.062	0.691 / 0.014	1.037 / 0.013	18.03 / 0.415	0.556 / 0.022	40.64 / 1.227
	80～100	1.164 / 0.071	18.00 / 0.639	1.584 / 0.076	0.605 / 0.012	0.979 / 0.012	18.58 / 0.427	0.577 / 0.023	41.49 / 1.260
盘锦赵圈河	0～20	0.852 / 0.052	24.54 / 0.871	2.333 / 0.112	0.432 / 0.009	1.037 / 0.013	26.96 / 0.620	0.300 / 0.012	55.45 / 1.689
	20～40	0.935 / 0.057	21.48 / 0.762	1.728 / 0.083	0.216 / 0.004	0.936 / 0.011	22.79 / 0.524	0.200 / 0.008	48.29 / 1.449
	40～60	1.019 / 0.062	21.48 / 0.762	2.160 / 0.104	0.432 / 0.009	0.576 / 0.007	23.45 / 0.539	0.200 / 0.008	49.32 / 1.491
	60～80	0.913 / 0.056	23.01 / 0.817	3.067 / 0.147	0.432 / 0.009	0.763 / 0.013	25.50 / 0.586	0.300 / 0.012	53.98 / 1.636
	80～100	0.788 / 0.048	24.38 / 0.865	1.008 / 0.048	0.720 / 0.014	2.160 / 0.026	23.03 / 0.530	0.259 / 0.010	52.34 / 1.542

注：盐分数据中，分子为当量浓度（单位是每 100 克土的毫克当量数），分母为百分浓度（单位是%）。

2. 中肥黏壤质潮滩盐土 中肥黏壤质潮滩盐土基本上均匀分布在大清河口至小凌河口间各岸段的滩涂之上。该土淤泥层较厚，泥泞松软,陷脚较深。淤泥湿时呈浅灰棕色,下层为青灰色潜育层;没有发育层,但沉积层次较明显。蟹洞较多,一般密度 3～5 个/米², 最高密度达 50 个/米² 以上(图 2-8)。在表层土壤盐分为 2.00% 以上的区域内,基本为裸滩,滩面平滑,无波纹;在表层土壤盐分 2.00% 以下的区域内,盐地碱蓬呈小规模群落分布或与其他植物混合生长(图 2-9)。在淤泥层上有大量藻类生长的区域内,表面呈黄褐色或淡黄色,积盐现象较明显。

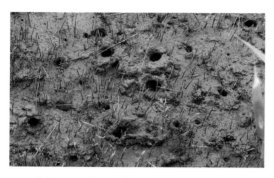

图 2-8 中肥黏壤质潮滩盐土上的蟹洞

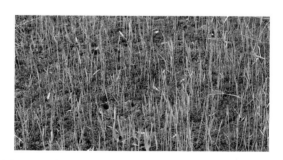

图 2-9 中肥黏壤质潮滩盐土盐地碱蓬与芦苇混生群落

中肥黏壤质潮滩盐土典型剖面,以盘锦二界沟滩涂样点为例,描述如下:

0～20 厘米,暗灰色夹棕灰色,黏壤土,较松软,陷脚 20 厘米左右,无结构;

20～40 厘米,棕灰色夹暗灰色,黏壤土,无明显结构,稍紧实，水分饱和；

　　40～60 厘米，青灰色，黏壤土，略显粒状结构，紧实，水分饱和；

　　60～100 厘米，青灰色，黏壤土，无结构，紧实，水分饱和。

　　中肥黏壤质潮滩盐土肥力状况与中肥黏质潮滩盐土相近，各养分指标在剖面内变化不大（表 2-9）。各样点的有机质含量大多在 1.00%～1.40%。各点的全氮及碱解氮含量较低，属低肥力水平。全磷属于中等肥力水平；在有效磷指标中，营口和盘锦样点都非常高，属于高肥力水平，而锦州样点属于中等水平。全钾及速效钾含量都很高，属于极高肥力水平。

表 2-9　中肥黏壤质潮滩盐土典型剖面土壤 pH 及养分含量

样点	深度（厘米）	pH	有机质（%）	氮（N）		磷（P_2O_5）		钾（K_2O）	
				全量（%）	速效（毫克/千克）	全量（%）	有效（毫克/千克）	全量（%）	速效（毫克/千克）
营口四道沟	0～20	7.68	1.21	0.056	36.08	0.090	45.94	3.271	809.7
	20～40	8.10	1.09	0.056	34.02	0.083	58.52	3.359	805.1
	40～60	8.05	1.23	0.055	36.29	0.094	61.45	3.140	814.4
	60～80	8.12	1.08	0.049	41.03	0.094	60.60	3.184	768.1
	80～100	8.15	1.25	0.060	45.36	0.093	64.38	3.259	828.3
盘锦二界沟	0～20	8.10	1.45	0.091	39.69	0.113	52.67	3.140	643.2
	20～40	8.15	1.40	0.076	79.38	0.118	56.47	3.031	610.8
	40～60	8.02	1.37	0.068	77.11	0.110	49.74	2.856	620.0
	60～80	8.12	1.37	0.058	57.83	0.100	45.36	2.921	555.2
	80～100	8.10	1.23	0.059	44.02	0.098	38.04	2.856	509.0
锦州大有	0～20	8.30	0.97	0.047	41.95	0.105	8.78	3.053	629.3
	20～40	8.30	1.18	0.054	43.09	0.112	11.70	3.031	601.5
	40～60	8.25	1.18	0.056	40.82	0.110	10.24	3.074	573.8
	60～80	8.23	1.32	0.059	56.70	0.097	9.78	2.987	601.5
	80～100	8.20	1.21	0.051	34.15	0.109	10.24	2.965	513.6

该类土的质地以黏壤土为主，并且在 1 米土层剖面内比较均匀，上下变化不大（表 2 - 10）。其中，粒径小于 0.001 毫米黏粒的含量在 22％～32％，粒径为 0.01～0.001 毫米的细粉粗黏粒的含量在 15％～24％，粒径为 0.05～0.01 毫米的粗粉粒的含量在 35％～45％，粒径为 0.25～0.05 毫米的粗沙粒的含量在 7％～15％。

表 2 - 10　中肥黏壤质潮滩盐土典型剖面土壤颗粒组成

| 样点 | 层次（厘米） | 沙粒（％） | | 粉粒（％） | | 黏粒（％） | 质地 |
		1.00～0.25 毫米	0.25～0.05 毫米	0.05～0.01 毫米	0.01～0.001 毫米	<0.001 毫米	
营口四道沟	0～20	0.21	10.05	40.14	17.78	32.01	黏土
	20～40	0.02	7.77	50.07	19.32	22.77	沙壤
	40～60	0.07	6.97	49.63	20.83	22.50	沙壤
	60～80	0.07	8.68	43.89	21.30	25.87	黏壤
	80～100	0.26	8.05	40.08	20.00	31.78	黏土
盘锦二界沟	0～20	0.02	13.63	35.23	23.65	26.73	黏壤
	20～40	0.66	14.66	34.31	19.08	31.30	黏土
	40～60	0.04	11.55	36.82	20.31	31.28	黏土
	60～80	0.01	11.08	36.78	22.22	29.96	黏土
	80～100	0.06	11.10	48.48	16.61	23.39	沙壤
锦州大有	0～20	0.05	13.86	39.91	18.62	27.62	黏壤
	20～40	0.05	4.63	25.54	38.77	31.01	黏土
	40～60	0.03	10.73	41.10	22.12	26.02	黏壤
	60～80	0.02	8.50	50.48	15.87	25.13	黏壤
	80～100	0.01	16.68	48.36	7.96	26.99	黏壤

该类土的盐分含量和变化规律，与前类土属相同（表 2 - 11）。表层土壤（0～20 厘米）全盐含量在 1.50％～2.23％，表层以下的一般在 1.30％～1.50％。在阴离子组成中，Cl^- 含量最高，其次是 SO_4^{2-}，HCO_3^- 最低；在阳离子组成中，Na^+ 含量最高，其次是

Mg^{2+}，Ca^{2+} 和 K^+ 最低。

表 2 - 11　中肥黏壤质潮滩盐土典型剖面土壤盐分离子组成

样点	深度	HCO_3^-	Cl^-	SO_4^{2-}	Ca^{2+}	Mg^{2+}	Na^+	K^+	全盐
营口四道沟	0～20	0.536 0.033	23.00 0.817	3.168 0.152	1.152 0.023	2.304 0.028	22.55 0.519	0.695 0.027	53.41 1.598
	20～40	0.630 0.038	22.00 0.781	3.168 0.152	1.296 0.026	2.160 0.026	21.70 0.499	0.641 0.025	51.60 1.548
	40～60	0.551 0.034	18.00 0.639	2.880 0.138	0.936 0.019	1.800 0.022	18.01 0.414	0.685 0.027	42.86 1.292
	60～80	0.525 0.032	22.00 0.781	2.592 0.124	1.008 0.020	2.448 0.029	20.95 0.482	0.715 0.028	50.23 1.497
	80～100	0.578 0.035	18.00 0.639	1.872 0.089	0.720 0.014	1.584 0.019	17.49 0.402	0.651 0.025	40.90 1.225
盘锦二界沟	0～20	0.578 0.035	30.00 1.065	4.176 0.200	1.452 0.023	4.608 0.056	28.50 0.655	0.495 0.019	69.51 2.055
	20～40	0.578 0.035	18.00 0.639	3.168 0.152	0.864 0.017	1.152 0.014	19.56 0.449	0.169 0.006	43.49 1.314
	40～60	0.525 0.032	20.00 0.710	2.736 0.131	0.778 0.016	2.102 0.026	20.22 0.465	0.162 0.006	46.52 1.386
	60～80	0.473 0.029	19.00 0.675	2.880 0.138	1.152 0.023	2.448 0.029	18.55 0.427	0.208 0.008	44.71 1.329
	80～100	0.683 0.042	28.00 0.994	3.600 0.173	1.008 0.020	1.440 0.018	29.55 0.679	0.282 0.011	64.57 1.937
锦州大有	0～20	0.630 0.038	32.00 1.136	4.752 0.218	1.008 0.020	3.312 0.040	32.47 0.747	0.605 0.024	74.76 2.233
	20～40	0.525 0.032	16.00 0.568	3.168 0.152	0.576 0.012	1.584 0.019	17.31 0.398	0.226 0.009	39.39 1.189
	40～60	0.368 0.022	18.00 0.639	4.320 0.207	0.720 0.014	1.872 0.023	19.92 0.458	0.172 0.007	45.38 1.371
	60～80	0.420 0.026	20.00 0.710	3.168 0.152	0.864 0.017	2.880 0.035	19.38 0.446	0.469 0.018	47.18 1.404
	80～100	0.473 0.029	26.00 0.923	1.872 0.090	1.008 0.020	2.592 0.032	24.20 0.557	0.541 0.021	56.69 1.671

注：盐分数据中，分子为当量浓度（单位是每 100 克土的毫克当量数），分母为百分浓度（单位是%）。

3. 低肥黏壤质潮滩盐土　低肥黏壤质潮滩盐土主要分布在低

潮线区域，处于海潮经常淹没地带，退潮时滩面坑洼处呈汪水状态。表层平坦，淤泥松软，陷脚较浅。淤泥层较薄，并由陆地一侧向海洋逐渐变浅。淤泥层下面即为潜育层。因为退潮时的波积作用，滩面有鳞状波纹。蟹洞很少。在淤泥层表面长有藻类等低等生物（图 2-10、图 2-11）。

图 2-10　低肥黏壤质潮滩盐土地表的鳞状波纹

图 2-11　在低肥黏壤质潮滩盐土区采土

低肥黏壤质潮滩盐土的典型剖面，以盘锦荣兴滩涂的样点为例，描述如下：

0～20 厘米，暗灰色，干时呈浅灰色，黏壤土，表层有不足 1 厘米的淤泥层，下面为片状结构薄层，再往下则无结构，一般陷脚 5～10 厘米，水分饱和；

20～50 厘米，青灰色，干时呈浅灰色，黏壤土，无结构，稍显紧实，干时呈块状，少量锈斑，水分过饱和；

50～100 厘米，青灰色，干时呈浅灰色，黏壤土，无结构，干时呈块状，水分饱和。

低肥黏壤质潮滩盐土的养分含量相对较低（表 2-12）。其中，各样点的有机质在 0.60%～0.77%，全氮在 0.03%～0.05%，碱解氮在 15～30 毫克/千克，都属低肥力水平；全磷在 0.09%～0.11%，属于中等肥力水平；有效磷在 33～40 毫克/千克，全钾在 2.70%～3.30%，属于高肥力水平；速效钾在 510～680 毫克/千克，属极高肥力水平。

表 2-12 低肥黏壤质潮滩盐土典型剖面土壤 pH 及养分含量

采样地点	深度（厘米）	pH	有机质（%）	氮（N）		磷（P₂O₅）		钾（K₂O）	
				全量（%）	速效（毫克/千克）	全量（%）	有效（毫克/千克）	全量（%）	速效（毫克/千克）
盘锦荣兴	0～20	8.05	0.64	0.071	28.35	0.103	33.65	3.074	680.2
	20～40	8.22	0.63	0.047	26.36	0.096	38.04	3.053	647.8
	40～60	8.20	0.66	0.040	21.02	0.097	40.97	2.074	638.5
	60～80	8.10	0.71	0.031	24.02	0.097	42.71	3.074	646.7
	80～100	8.25	0.45	0.045	30.62	0.093	40.12	3.703	601.5
锦州大有	0～20	8.16	0.77	0.052	28.04	0.114	17.60	3.293	615.4
	20～40	8.25	0.66	0.044	15.88	0.108	15.10	3.048	518.2
	40～60	8.15	0.61	0.031	14.74	0.105	19.31	3.184	629.3
	60～80	8.22	0.63	0.027	16.70	0.107	19.20	3.184	606.1
	80～100	8.21	0.61	0.035	22.68	0.106	14.60	3.228	647.8

该类土的质地以黏壤土为主，但同一粒径在不同土层间，含量差异较大（表 2-13）。其中，粒径小于 0.001 毫米黏粒的含量在 25%～30%，粒径为 0.01～0.001 毫米的细粉粗黏粒的含量在 15%～25%，粒径为 0.05～0.01 毫米的粗粉粒的含量在 31%～43%，粒径为 0.25～0.05 毫米的粗沙粒的含量在 1%～17%。

该类土不同样点间盐分含量差异较大。盐分含量较高的样点，全盐含量在 2.69%～3.01%；盐分较低的样点，一般在 1.05%～ 2.69%（表 2-14）。盐分的离子组成与前两土属相同。

表 2-13　低肥黏壤质潮滩盐土典型剖面土壤颗粒组成

| 样点 | 层次（厘米） | 沙粒（%） | | 粉粒（%） | | 黏粒（%） | 质地 |
		1.00～0.25 毫米	0.25～0.05 毫米	0.05～0.01 毫米	0.01～0.001 毫米	<0.001 毫米	
盘锦荣兴	0～20	0.04	17.25	40.65	14.85	27.19	黏壤
	20～40	—	5.06	44.39	21.21	29.24	黏壤
	40～60	—	5.84	39.70	23.82	30.64	黏土
	60～80	0.01	17.06	35.20	17.60	30.14	黏土
	80～100	0.05	4.79	45.00	20.51	29.65	黏壤
锦州大有	0～20	0.09	17.84	43.13	14.38	24.65	黏壤
	20～40	0.14	0.44	36.05	25.08	28.29	黏壤
	40～60	0.03	17.69	38.09	15.18	29.01	黏壤
	60～80	0.07	0.92	42.40	25.63	30.98	黏土
	80～100	0.18	10.78	31.70	28.16	29.17	黏壤

表 2-14　低肥黏壤质潮滩盐土典型剖面土壤盐分离子组成

样点	深度（厘米）	HCO_3^-	Cl^-	SO_4^{2-}	Ca^{2+}	Mg^{2+}	Na^+	K^+	全盐
盘锦荣兴	0～20	1.050 / 0.064	24.54 / 0.871	2.448 / 0.118	0.432 / 0.009	3.283 / 0.040	24.33 / 0.560	0.200 / 0.009	56.08 / 1.669
	20～40	1.208 / 0.074	13.81 / 0.490	1.958 / 0.094	0.288 / 0.006	3.514 / 0.043	13.17 / 0.303	0.200 / 0.009	33.94 / 1.017
	40～60	0.840 / 0.051	27.61 / 0.980	1.814 / 0.087	0.720 / 0.014	4.752 8 / 0.058	24.79 / 0.570	0.200 / 0.009	60.53 / 1.770
	60～80	0.683 / 0.042	29.14 / 1.035	2.707 / 0.130	0.432 6 / 0.009	3.974 / 0.048	28.13 / 0.647	0.200 / 0.009	65.07 / 1.919
	80～100	0.735 / 0.045	26.08 / 0.926	1.541 / 0.074	0.432 / 0.009	0.576 / 0.007	27.34 / 0.629	0.200 / 0.009	56.70 / 1.699

（续）

样点	深度（厘米）	HCO_3^-	Cl^-	SO_4^{2-}	Ca^{2+}	Mg^{2+}	Na^+	K^+	全盐
锦州大有	0～20	0.420/0.026	40.00/1.420	5.040/0.242	2.016/0.010	4.896/0.060	37.94/0.873	0.613/0.034	90.92/3.685
	20～40	0.525/0.032	18.00/0.639	4.003/0.192	0.864/0.017	1.469/0.018	19.87/0.457	0.328/0.013	45.06/1.368
	40～60	0.473/0.029	18.00/0.639	3.600/0.173	0.691/0.014	1.325/0.016	19.77/0.455	0.290/0.011	44.15/1.337
	60～80	0.525/0.032	14.00/0.497	3.312/0.159	1.008/0.020	0.576/0.007	15.78/0.363	0.469/0.018	35.67/1.096
	80～100	0.840/0.051	14.00/0.497	2.448/0.118	0.432/0.009	0.864/0.011	15.52/0.357	0.477/0.019	34.58/1.062

注：盐分数据中，分子为当量浓度（单位是每100克土的毫克当量数），分母为百分浓度（单位是%）。

4. 低肥壤质潮滩盐土 低肥壤质潮滩盐土主要分布在大凌河口两侧和小凌河口左侧岸段滩涂上，其他岸段有零星分布。滩面呈灰白色，有波纹，表层以下为青灰色潜育层。蟹洞较少，泥螺、沙蚕等较多。有藻类等低等生物生长，滩面呈黄棕色或浅黄色。有少量盐地碱蓬生长。积盐现象不明显，盐分较低（图2-12）。

图2-12 低肥壤质潮滩盐土自然景观

低肥壤质潮滩盐土的典型剖面，以盘锦东郭南井子为例，描述如下：

0～20 厘米，暗灰色，壤土，板结紧实，下陷量很小，无结构，有少量锈斑，水分饱和；

20～40 厘米，青灰色，比上层颜色稍深，壤土，板结紧实，无结构，水分饱和；

40～100 厘米，青灰色，壤土，紧实，无结构，水分饱和。

低肥壤质潮滩盐土的养分含量，比低肥黏壤质潮滩盐土的略低（表 2 - 15）。其中，有机质在 0.45%～0.70%，全氮在 0.02%～0.04%，碱解氮在 17～26 毫克/千克，都属低肥力水平。全磷在 0.08%～0.10%，属于中等肥力水平。不同样点的有效磷差异很大。盘锦样点的有效磷在 3～10 毫克/千克，属于中下等肥力水平；而锦州样点的仅在 1～3 毫克/千克，属于极低肥力水平。全钾含量在 3.25% 左右，属于高肥力水平。速效钾在 300～620 毫克/千克，属极高肥力水平。

表 2 - 15　低肥壤质潮滩盐土典型剖面土壤 pH 及养分含量

采样地点	深度（厘米）	pH	有机质（%）	氮（N）		磷（P₂O₅）		钾（K₂O）	
				全量（%）	速效（毫克/千克）	全量（%）	有效（毫克/千克）	全量（%）	速效（毫克/千克）
盘锦东郭南井子	0～20	8.05	0.54	0.024	26.08	0.087	7.32	3.217	580.2
	20～40	8.12	0.60	0.027	30.02	0.092	9.95	3.359	559.9
	40～60	8.20	0.45	0.027	22.68	0.081	5.85	3.359	465.5
	60～80	8.10	0.78	0.042	30.62	0.100	8.78	3.140	397.4
	80～100	8.24	0.25	0.018	17.01	0.070	2.94	3.250	277.6
锦州建业	0～20	8.30	0.55	0.027	22.68	0.097	1.46	3.293	610.8
	20～40	8.30	0.51	0.031	21.66	0.100	1.21	3.271	620.0
	40～60	8.25	0.55	0.031	24.02	0.106	1.29	3.096	564.5
	60～80	8.23	0.66	0.038	21.34	0.110	1.46	3.162	670.9
	80～100	8.20	0.74	0.042	24.69	0.101	2.34	3.096	629.3

该类土的质地以壤土为主，但不同样点的同一粒径的占比差异

较大（表 2-16）。盘锦样点的 0.01～0.001 毫米粒径细粉粗黏粒的含量在 15%～35%，而锦州样点的仅在 3%～12%。盘锦样点的 0.05～0.01 毫米粒径粗粉粒的含量在 30%～38%，而锦州的则在 50%～58%。

表 2-16　低肥壤质潮滩盐土典型剖面土壤颗粒组成

| 样点 | 层次（厘米） | 沙粒（%） | | 粉粒（%） | | 黏粒（%） | 质地 |
		1.00～0.25 毫米	0.25～0.05 毫米	0.05～0.01 毫米	0.01～0.001 毫米	<0.001 毫米	
盘锦东郭南井子	0～20	0.02	12.15	30.63	36.76	20.09	壤土
	20～40	0.08	29.96	36.04	14.63	19.29	壤土
	40～60	0.06	25.19	38.81	12.95	22.99	壤土
	60～80	0.05	31.18	34.84	15.79	18.14	壤土
	80～100	0.05	28.33	37.07	13.69	20.71	壤土
锦州建业	0～20	0.01	22.23	57.21	6.36	14.20	壤土
	20～40	0.05	27.55	51.13	6.88	14.39	壤土
	40～60	0.08	32.17	52.75	3.07	11.93	壤土
	60～80	0.05	41.96	39.77	6.29	11.93	壤土
	80～100	0.02	7.76	56.57	12.81	22.84	壤土

该类土的盐分含量较低，而且 1 米土体内各层的含量变化不大（表 2-17）。全盐一般在 1.47%～1.86%。离子组成的规律与前面各土属相同。

表 2-17　低肥壤质潮滩盐土典型剖面土壤盐分离子组成

样点	深度（厘米）	HCO_3^-	Cl^-	SO_4^{2-}	Ca^{2+}	Mg^{2+}	Na^+	K^+	全盐
盘锦东郭南井子	0～20	1.155/0.071	22.00/0.781	5.184/0.249	1.296/0.026	2.160/0.026	24.46/0.563	0.421/0.016	56.68/1.732
	20～40	1.166/0.071	16.00/0.568	3.600/0.173	0.720/0.014	0.576/0.007	19.19/0.441	0.282/0.011	41.53/1.285

（续）

样点	深度（厘米）	HCO_3^-	Cl^-	SO_4^{2-}	Ca^{2+}	Mg^{2+}	Na^+	K^+	全盐
盘锦东郭南井子	40～60	1.103 / 0.067	20.00 / 0.710	5.472 / 0.263	0.864 / 0.017	2.364 / 0.028	23.15 / 0.532	0.200 / 0.008	53.15 / 1.625
	60～80	0.971 / 0.059	24.00 / 0.852	5.760 / 0.276	1.008 / 0.020	2.880 / 0.035	26.47 / 0.609	0.374 / 0.015	61.46 / 1.866
	80～100	1.176 / 0.072	26.00 / 0.923	5.400 / 0.259	1.152 / 0.023	2.160 / 0.026	28.80 / 0.662	0.464 / 0.018	65.15 / 1.983
锦州建业	0～20	0.473 / 0.029	22.00 / 0.781	2.304 / 0.111	0.576 / 0.012	1.584 / 0.019	22.02 / 0.507	0.595 / 0.023	49.55 / 1.482
	20～40	0.420 / 0.026	20.00 / 0.710	2.592 / 0.124	0.576 / 0.012	1.584 / 0.019	20.40 / 0.469	0.456 / 0.018	46.02 / 1.378
	40～60	0.473 / 0.029	21.00 / 0.746	2.016 / 0.097	0.576 / 0.012	1.152 / 0.014	21.22 / 0.488	0.541 / 0.021	46.98 / 1.407
	60～80	0.788 / 0.048	20.00 / 0.710	2.160 / 0.104	0.432 / 0.009	1.296 / 0.016	20.75 / 0.477	0.467 / 0.018	45.90 / 1.382
	80～100	0.588 / 0.036	21.00 / 0.746	2.808 / 0.135	0.648 / 0.013	1.656 / 0.020	21.55 / 0.496	0.541 / 0.021	48.79 / 1.467

注：盐分数据中，分子为当量浓度（单位是每100克土的毫克当量数），分母为百分浓度（单位是%）。

二、滨海盐土

（一）滨海盐土的形成与一般特性

滨海盐土是由潮滩盐土发育演变而来的。就辽河下游滨海区域的具体情况来说，主要有两条演变途径：其一是人工修建挡潮堤，隔绝海水对原滩涂表面的淹没，形成大面积的待垦荒地；其二是由于滩涂的淤长，滩面的持续抬升，主要在自然地质作用下，逐渐摆脱了海水淹没与浸渍，形成了自然盐荒地。无论是经由那一条途径发生的演变，其结果都集中表现为两点，一是地表积盐现象明显；二是地质过程停止，完全进入成土过程。

本类土壤主要分布在绕阳河注入辽河处以南的辽河右岸区域和大清河口右侧至大辽河口左侧区域内。在大小凌河之间的区域内，有零星分布。

滨海盐土的地面高程在 2.0～3.0 米。虽然地表已摆脱了海水的影响，但地表一定深度之下的土体部分，还仍然处于海水型潜水的浸泡之中。土壤水的运动，以海水侧渗补入，经毛管上升至地表，再由地表蒸发散失为主要形态。潜水埋藏很浅，一般在地表下 0.5～1.2 米。由于陆源地下径流十分微弱，所以潜水还是以海水为主，矿化度为 10～20 克/升；在少数区域内，矿化度可达 30～35 克/升。

滨海盐土的盐分含量较高，全盐量通常在 1.5%～3.0%，表土（0～20 厘米）最高含盐量可达 3.5% 以上（图 2－13）。在雨季经雨水的淋溶，滨海盐土可处于脱盐过程。但这一过程的出现具有季节性与局部性，即仅在遇到可产生地面径流或产生深层渗漏的大雨时才可出现。除此之外，基本上处于返盐、积盐的过程。一般在春季返盐最为强烈，地表常出现斑块状白色盐霜或盐结皮。盐霜或结皮的厚度在 1～3 毫米。

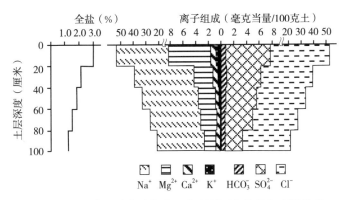

图 2－13 重度盐渍化滨海盐土典型剖面全盐量与离子组成

按照土壤含盐量的不同，可将滨海盐土进一步细分。全盐量小于 1.5% 的为轻度盐渍土，全盐量在 1.5%～2.5% 的为中度盐渍土，全盐量大于 2.5% 的为重度盐渍土。在轻、中度盐渍土区域内，生长有盐地碱蓬、灰绿碱蓬及扁秆藨草等植物，覆盖度一般为 10%～30%。在重度盐渍土区域内，则多为寸草不生的裸地（图 2－14）。

a   b

图 2 - 14　滨海盐土区地表景观
a. 轻度盐渍土　b. 重度盐渍土

（二）滨海盐土的剖面特征与理化指标

滨海盐土的土壤剖面为浅灰色至暗灰色，有少量植物根系，没有形成腐殖层，土壤层次发育不明显，略显结构。在潜水间歇性升降的作用下，部分土层氧化态与还原态交替存在，所以土体中常见锈斑与锈纹。

典型剖面以盘锦东郭南尖子样点为例，描述如下：

0～25 厘米，棕灰色，黏土，少量植物根系，湿时无明显结构，干时成块状，疏松，过渡层不明显；

25～50 厘米，棕灰色，黏土，少量植物根系，略显粒状结构，有锈斑，稍显紧实；

50～100 厘米，棕灰色，黏壤土，核、粒状结构，有锈斑和少量铁锰结核，紧实。

滨海盐土的质地以黏质和黏壤质为主，沙壤质和沙质为辅。在大多数情况下，土壤肥力普遍低于潮滩盐土。其中，质地偏黏的，肥力稍高一些。

滨海盐土的养分含量在各层之间分配比较均匀（表 2 - 18）。有机质含量在 0.40%～0.80%，全氮含量在 0.025%～0.080%。营口与盘锦样点的碱解氮为 33.31～56.70 毫克/千克，属偏低水平；锦州样点的碱解氮为 13.61～34.02 毫克/千克，属极低水平。各样点的全磷（P_2O_5）含量在 0.079%～0.113%，属中等偏低水平。但在有效磷（P_2O_5）指标中，营口与盘锦样点在 11.32～56.70 毫克/千克，属较高水平；锦州样点为 5.85～8.78 毫克/千克，属中等偏低水平。各样点的全钾（K_2O）含量为 2.877%～3.377%，速效钾（K_2O）含量为 208.2～606.1 毫克/千克，都属较高水平。

表 2-18 滨海盐土典型剖面土壤 pH 及养分含量

样点	深度（厘米）	pH	有机质（%）	氮（N）		磷（P_2O_5）		钾（K_2O）	
				全量（%）	速效（毫克/千克）	全量（%）	有效（毫克/千克）	全量（%）	速效（毫克/千克）
营口西炮台	0～20	8.03	0.84	0.039	45.36	0.101	16.39	3.184	408.2
	20～40	8.21	0.78	0.038	34.02	0.089	13.46	3.140	481.2
	40～60	8.00	0.76	0.042	34.02	0.105	15.22	3.206	532.1
	60～80	7.90	0.76	0.036	30.62	0.104	17.56	2.877	555.2
	80～100	8.12	0.80	0.036	33.31	0.101	16.30	3.008	477.6
盘锦东郭南尖子	0～20	8.05	0.48	0.055	39.69	0.079	17.56	2.965	606.1
	20～40	8.15	0.83	0.101	43.09	0.100	11.32	3.293	587.6
	40～60	8.10	0.54	0.080	56.70	0.099	12.78	3.206	555.2
	60～80	8.19	0.53	0.060	56.70	0.105	17.79	3.206	583.0
	80～100	8.10	0.33	0.040	39.69	0.113	24.91	3.337	559.9
锦州大有	0～20	8.00	0.77	0.038	34.02	0.100	8.78	2.921	400.5
	20～40	8.30	0.55	0.026	17.01	0.094	5.85	3.250	411.8
	40～60	8.27	0.58	0.022	20.41	0.096	6.44	3.031	416.4
	60～80	8.10	0.51	0.024	13.61	0.094	5.85	3.140	416.4
	80～100	8.15	0.62	0.025	14.74	0.107	5.85	3.377	425.7

滨海盐土的含盐量较高，通常情况下都高于潮滩盐土，而其盐分组成则与潮滩盐土相同。表 2-19 中 3 个样点 1 米土体的全盐含量在 1.19%～3.76%，表层土含盐量都在 2.20% 以上。在阴离子组成中，Cl^- 含量最高，占阴离子当量总数的 81.2%～93.7%。其次是 SO_4^{2-}，占 6.6%～12.7%。HCO_3^- 最低，占 2.0% 左右。在

阳离子组成中，Na^+ 含量最高，占阳离子当量总数的 82.2%～92.3%。其次是 Mg^{2+}，占 6.4%～12.2%。Ca^{2+} 和 K^+ 最低，分别占 3.5%左右和 1.5%左右。

表 2-19　滨海盐土典型剖面土壤盐分离子组成

样点	深度	HCO_3^-	Cl^-	SO_4^{2-}	Ca^{2+}	Mg^{2+}	Na^+	K^+	全盐
营口西炮台	0～20	0.630 / 0.038	58.00 / 2.059	5.616 / 0.269	3.024 / 0.061	8.928 / 0.109	50.86 / 1.169	1.431 / 0.056	128.5 / 3.758
	20～40	0.704 / 0.043	35.00 / 1.243	3.888 / 0.187	1.296 / 0.026	2.880 / 0.035	34.76 / 0.799	0.659 / 0.026	79.18 / 2.358
	40～60	0.683 / 0.042	35.00 / 1.243	4.550 / 0.218	1.440 / 0.029	3.600 / 0.044	34.35 / 0.790	0.846 / 0.033	80.47 / 2.398
	60～80	0.651 / 0.039	34.00 / 1.207	4.176 / 0.200	1.440 / 0.029	3.312 / 0.040	33.52 / 0.711	0.556 / 0.022	77.65 / 2.309
	80～100	0.683 / 0.042	34.00 / 1.207	4.752 / 0.228	1.584 / 0.032	3.686 / 0.045	33.34 / 0.767	0.826 / 0.032	78.87 / 2.352
盘锦东郭南尖子	0～20	0.725 / 0.044	44.49 / 1.579	3.168 / 0.152	0.864 / 0.017	2.880 / 0.035	44.63 / 1.027	0.600 / 0.025	96.76 / 2.874
	20～40	0.716 / 0.044	41.42 / 1.470	2.419 / 0.116	1.008 / 0.020	1.872 / 0.023	41.69 / 0.959	0.500 / 0.019	89.14 / 2.647
	40～60	0.630 / 0.038	43.71 / 1.552	3.312 / 0.159	0.720 / 0.014	3.024 / 0.037	43.87 / 1.009	0.500 / 0.019	95.22 / 2.831
	60～80	0.546 / 0.033	49.09 / 1.743	2.736 / 0.131	1.152 / 0.023	3.888 / 0.047	47.33 / 1.089	0.600 / 0.025	104.7 / 3.088
	80～100	0.641 / 0.039	42.95 / 1.525	2.592 / 0.124	0.726 / 0.015	4.890 / 0.059	40.57 / 0.933	0.600 / 0.025	92.37 / 2.719
锦州大有	0～20	0.630 / 0.038	32.0 / 1.136	4.752 / 0.218	1.008 / 0.020	3.312 / 0.040	32.47 / 0.747	0.605 / 0.024	74.76 / 2.233
	20～40	0.525 / 0.032	16.0 / 0.568	3.168 / 0.152	0.576 / 0.012	1.584 / 0.019	17.31 / 0.398	0.226 / 0.009	39.39 / 1.189
	40～60	0.368 / 0.022	18.0 / 0.639	4.320 / 0.207	0.720 / 0.014	1.872 / 0.023	19.92 / 0.458	0.172 / 0.007	45.38 / 1.371
	60～80	0.420 / 0.026	20.0 / 0.710	3.168 / 0.152	0.864 / 0.017	2.880 / 0.035	19.38 / 0.446	0.469 / 0.018	47.18 / 1.404
	80～100	0.473 / 0.029	26.0 / 0.923	1.872 / 0.090	1.008 / 0.020	2.592 / 0.032	24.20 / 0.557	0.541 / 0.021	56.69 / 1.671

注：盐分数据中，分子为当量浓度（单位是每 100 克土的毫克当量数），分母为百分浓度（单位是%）。

由滨海盐土的盐分组成可知，其含有的可溶性盐类以 NaCl 为主，$MgCl_2$ 次之，其他盐类含量很低。土壤的 pH 在 7.90～8.30，显微碱性。

二、草甸盐土

（一）草甸盐土的形成与一般特性

草甸盐土基本上都形成于距海岸线较远、地势较高的区域。通常是在潮滩盐土或滨海盐土的基础上，经过脱盐与草甸化过程逐步演变而来。草甸盐土总的面积较小，相对集中的区域分布在盘锦市的欢喜岭、石新、羊圈子、胡家、大荒等地，以及锦州市的三台子和营口市的老边等地。

草甸盐土所处的地势比滨海盐土略高，地面高程通常在 3.0～5.0 米，所以本土区不仅完全摆脱了海水的周期性淹没和浸渍，而且也基本上脱离了海水直接侧渗的影响。其潜水为河海混合型，盐分组成依然与海水相似，矿化度在 3～15 克/升，埋藏深度大多在 1.0～1.5 米。土体盐分主要来源于原始海水浸泡的残留。盐分在剖面内的分布，取决于潜水蒸发与雨水入渗综合作用的结果（图 2 - 15）。在春季返盐季节，地表常见盐结皮，也可形成厚度 1～3 厘米、含

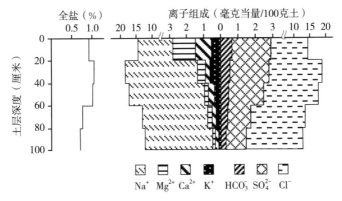

图 2 - 15 草甸盐土典型剖面全盐量与离子组成

盐量在 1.0％以上的盐化层。在雨季经雨水的冲洗，聚集在表层的盐分可淋溶至土体内部，甚至是土层深处，形成季节性稳定脱盐。

草甸盐土在自然降水的淋溶和植物的作用下，土壤处于稳定脱盐和肥力逐步提升的过程。土区内可生长多种耐盐草甸植物，常见的有藜科的盐地碱蓬与灰绿碱蓬，禾本科的碱茅、拂子茅、獐茅及芦苇等，菊科的柳叶蒿、猪毛蒿等。中度盐渍化土区，植被覆盖度一般在 20％～30％；轻度盐渍化土区，覆盖度可达 40％以上（图 2 - 16）。

a   b

图 2 - 16　轻度盐渍化草甸盐土地表植被

a. 盐地碱蓬与碱菀混生群落　b. 禾本科植物群落

（二）草甸盐土的剖面特征与理化指标

草甸盐土的土壤剖面呈暗棕色或灰棕色，以壤土、黏土为主，多呈核块状结构，发育层次比较明显，常见锈斑与锈纹。与滨海盐土相比，表层有机质与全氮含量有所增加。

典型剖面以盘锦胡家样点为例，描述如下：

0～3 厘米，浅棕色，壤土，无结构，植物根系较少，疏松；

3～25 厘米，浅灰棕色，壤土，植物根系较多，块状结构，有锈斑，稍显紧实；

25～60 厘米，浅灰棕色，黏土，少量植物根系，核、粒状结构，有锈斑，紧实；

60～100 厘米，浅灰棕色，黏土，核、粒状结构，有锈斑和少量铁锰结核，较紧。

草甸盐土的肥力与滨海盐土相比有所提升。剖面中有机质含量在 0.70%～1.00%（表 2-20）。全氮含量在 0.038%～0.050%，碱解氮为 22.68～39.69 毫克/千克。全磷（P_2O_5）含量在 0.110% 左右，有效磷（P_2O_5）指标在 10.24～11.70 毫克/千克。全钾（K_2O）含量为 3.008%～3.838%，速效钾（K_2O）含量为 587.6～832.4 毫克/千克。

表 2-20　草甸盐土典型剖面土壤 pH 及养分含量

深度 （厘米）	pH	有机质 （%）	氮（N）		磷（P_2O_5）		钾（K_2O）	
			全量 （%）	速效（毫 克/千克）	全量 （%）	有效（毫 克/千克）	全量 （%）	速效（毫 克/千克）
0～20	8.05	1.01	0.050	39.69	0.113	10.24	3.031	832.4
20～40	8.15	0.86	0.045	39.69	0.110	10.24	3.250	643.2
40～60	8.10	0.94	0.042	34.02	0.113	11.70	3.250	629.3
60～80	8.05	0.70	0.038	22.68	0.109	12.29	3.008	587.6
80～100	8.00	0.87	0.048	39.69	0.112	10.24	3.838	592.3

草甸盐土的含盐量与滨海盐土相比已大为降低，1 米土层土壤的平均含盐量为 0.86%（表 2-21）。在阴离子组成中，Cl^- 含量最高，占阴离子当量总数的 84.7%。其次是 SO_4^{2-}，占 12.4%。HCO_3^- 最低，占 2.9%。在阳离子组成中，Na^+ 含量最高，占阳离子当量总数的 91.2%。其次是 Mg^{2+}，占 3.8%。Ca^{2+} 和 K^+ 最低，分别占 3.2% 和 1.8%。

表 2-21　草甸盐土典型剖面土壤盐分离子组成

深度 （厘米）	HCO_3^-	Cl^-	SO_4^{2-}	Ca^{2+}	Mg^{2+}	Na^+	K^+	全盐
0～20	$\dfrac{0.368}{0.023}$	$\dfrac{11.00}{0.391}$	$\dfrac{2.160}{0.104}$	$\dfrac{1.008}{0.020}$	$\dfrac{1.440}{0.018}$	$\dfrac{11.00}{0.253}$	$\dfrac{0.446}{0.017}$	$\dfrac{27.79}{0.847}$

（续）

深度 （厘米）	HCO_3^-	Cl^-	SO_4^{2-}	Ca^{2+}	Mg^{2+}	Na^+	K^+	全盐
20～40	0.525 0.032	14.00 0.497	2.218 0.106	0.374 0.008	0.547 0.007	15.33 0.353	0.495 0.019	33.49 1.021
40～60	0.420 0.026	14.00 0.497	2.045 0.098	0.288 0.006	0.461 0.006	15.46 0.356	0.256 0.010	32.93 0.998
60～80	0.336 0.021	11.00 0.391	1.296 0.062	0.259 0.005	0.173 0.002	12.02 0.276	0.182 0.007	25.26 0.764
80～100	0.315 0.019	10.00 0.355	1.181 0.057	0.202 0.004	0.144 0.002	11.08 0.255	0.069 0.003	22.99 0.694

注：盐分数据中，分子为当量浓度（单位是每100克土的毫克当量数），分母为百分浓度（单位是％）。

四、盐化草甸土

（一）盐化草甸土的形成与一般特性

盐化草甸土主要是在草甸盐土的基础上进一步脱盐，并伴草甸化发育而来，其分布范围与面积大于草甸盐土，常与草甸盐土、盐化沼泽土等呈复区分布。本类土壤分布十分分散，相对集中的区域有盘锦市的东郭、高升、大荒、沙岭、古城子等地，锦州市的大有、闫家、安屯、建业、吴家、柳家等地，鞍山市的桑林、富家、韭菜台等地。

盐化草甸土的地面高程一般在4.0米左右，潜水埋深大多在1.0～2.0米，矿化度在1～5克/升。在春季地表常有盐霜或盐结皮，并常呈潮湿状态。土壤全盐含量在0.1％～0.6％，pH为7.1～8.6。盐化草甸土典型剖面的盐分分布见图2-17。

盐化草甸土区域内生长的植物种类与生长量均高于草甸盐土，植被覆盖度可达40％～50％（图2-18）。

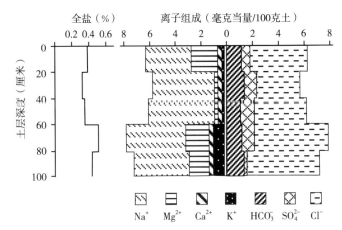

图 2-17　盐化草甸土典型剖面全盐量与离子组成

图 2-18　盐化草甸土区禾本科植物与柽柳混生植被

（二）盐化草甸土的剖面特征与理化指标

盐化草甸土的剖面大体上可分为腐殖层、锈色斑纹层和母质层。不同样点间腐殖层的厚度差异很大，多数在 20 厘米左右，最厚的可超过 50 厘米。锈色斑纹层呈块状结构，有大量锈斑。母质层则无明显结构。

典型剖面以盘锦东郭小道子样点为例，描述如下：

0～14 厘米，浅棕色，壤黏土，粒状或团块状结构，植物根系较多，有锈斑，有石灰反应，疏松；

14～25 厘米，黄棕色，壤黏土，块状结构，有植物根系，有石灰反应，稍显紧实；

25～55 厘米，暗棕色，壤土，不明显的块状结构，少量植物根系，锈斑较多，有石灰反应，紧实；

55～100 厘米，黄棕色，壤土，块状结构，有锈斑，有石灰反应，紧实。

由于盐化草甸土分布特别分散，不仅与多种土壤呈复区分布，而且各土区相距较远，所以各土区之间的质地、含盐量、地面高程、潜水位及矿化度等因素差异很大。这就导致了各土区之间的养分状况有一定差异。其中肥力高的盐化草甸土，表层有机质含量可达到 2.66%～3.08%，全氮达到 0.144%～0.199%，全磷（P_2O_5）达到 0.086%～0.142%；而肥力低的，表层有机质含量仅为0.50%左右，全氮仅在 0.023%～0.049%。盘锦东郭小道子样点的养分指标中，除有效磷（P_2O_5）和速效钾（K_2O）外，都属于偏低水平（表 2-22）。

表 2-22　盐化草甸土典型剖面土壤 pH 及养分含量

深度（厘米）	pH	有机质（%）	氮（N）		磷（P_2O_5）		钾（K_2O）	
			全量（%）	速效（毫克/千克）	全量（%）	有效（毫克/千克）	全量（%）	速效（毫克/千克）
0～20	8.16	1.24	0.052	49.89	0.121	51.79	2.365	491.4
20～40	8.10	1.18	0.042	48.76	0.129	43.31	2.140	410.8
40～60	8.15	1.11	0.036	39.69	0.118	46.82	2.337	513.3
60～80	8.21	0.41	0.038	39.69	0.120	61.16	3.359	620.0
80～100	8.19	0.35	0.042	34.84	0.124	57.06	3.468	629.3

盐化草甸土的脱盐时间较长，不仅表现在土壤盐分含量普遍较低，而且在离子组成上也有很大变化。其中，虽然阴离子还是以 Cl^- 为主，但其占阴离子当量总数的百分比，已由前述各类土的 80% 以上，下降到 70% 左右；相反的 SO_4^{2-} 和 HCO_3^- 的占比，却都有较大幅度的提升。具体以表 2-23 中的数据为例，Cl^- 占阴离子当量总数

的 69.2%，HCO_3^- 占 18.8%，SO_4^{2-} 占 11.9%。在阳离子组成中，Na^+ 占 70.6%，Mg^{2+} 占 18.0%，K^+ 占 8.1%，Ca^{2+} 占 2.9%。

表 2 - 23　盐化草甸土典型剖面土壤盐分离子组成

深度（厘米）	HCO_3^-	Cl^-	SO_4^{2-}	Ca^{2+}	Mg^{2+}	Na^+	K^+	全盐
0～20	$\dfrac{1.208}{0.074}$	$\dfrac{4.602}{0.163}$	$\dfrac{0.518}{0.025}$	$\dfrac{0.173}{0.004}$	$\dfrac{2.304}{0.028}$	$\dfrac{3.608}{0.083}$	$\dfrac{0.244}{0.010}$	$\dfrac{12.67}{0.386}$
20～40	$\dfrac{1.281}{0.078}$	$\dfrac{3.250}{0.115}$	$\dfrac{1.155}{0.055}$	$\dfrac{0.173}{0.003}$	$\dfrac{0.259}{0.003}$	$\dfrac{4.982}{0.115}$	$\dfrac{0.272}{0.011}$	$\dfrac{11.37}{0.381}$
40～60	$\dfrac{1.155}{0.071}$	$\dfrac{4.000}{0.142}$	$\dfrac{1.008}{0.048}$	$\dfrac{0.144}{0.003}$	$\dfrac{0.432}{0.005}$	$\dfrac{5.361}{0.123}$	$\dfrac{0.226}{0.009}$	$\dfrac{12.33}{0.401}$
60～80	$\dfrac{1.208}{0.074}$	$\dfrac{5.750}{0.204}$	$\dfrac{1.008}{0.048}$	$\dfrac{0.288}{0.006}$	$\dfrac{1.728}{0.021}$	$\dfrac{4.906}{0.113}$	$\dfrac{1.044}{0.041}$	$\dfrac{15.93}{0.507}$
80～100	$\dfrac{1.271}{0.078}$	$\dfrac{5.375}{0.191}$	$\dfrac{0.144}{0.007}$	$\dfrac{0.202}{0.004}$	$\dfrac{1.382}{0.017}$	$\dfrac{4.059}{0.093}$	$\dfrac{1.146}{0.045}$	$\dfrac{13.58}{0.434}$

注：盐分数据中，分子为当量浓度（单位是每 100 克土的毫克当量数），分母为百分浓度（单位是%）。

五、碳酸盐草甸土

（一）碳酸盐草甸土的形成与一般特性

碳酸盐草甸土主要是在盐化草甸土的基础上进一步脱盐发育而成的。在长期淋溶的作用下，土壤中的 Cl^- 被大量淋洗掉，同时土壤中的草甸植物残体在微生物的作用下分解，使土壤中碳素（C）含量增加，从而使 CO_3^{2-} 和 HCO_3^- 的占比都有较大幅度的提升。本类土多集中分布于辽河、大辽河、绕阳河及大小凌河两岸的河漫滩和低级阶地之内，常与草甸盐土、盐化草甸土等呈复区分布。

碳酸盐草甸土区域的地面高程一般在 5.0～6.0 米，潜水埋深大多在 1.5～3.0 米，矿化度在 0.5～1.0 克/升。土壤表层常有盐化层。在春季，地表常有盐霜或盐结皮，并常呈潮湿状态。土壤全盐含量在 0.1%～0.6%。盐化草甸土典型剖面的盐分分布见图 2 - 19。

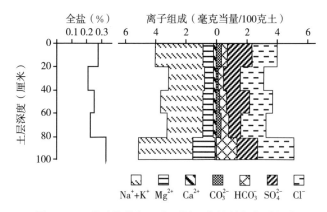

图 2-19 碳酸盐草甸土典型剖面全盐量与离子组成

碳酸盐草甸土区域内可生长多种草甸植物，其特点是禾本科植物少、生长量小；而藜科的灰绿藜、尖头叶藜等，菊科的大蓟、小蓟、苦菜等较多，豆科的苜蓿、草木樨等也较多（图 2-20）。

图 2-20 碳酸盐草甸土上的低矮植被

土壤质地以壤土、沙壤土居多，有弱团粒结构，渗透性好，适耕期长，可改良为高产农田。pH 为 8.0～8.6，有石灰反应。在不同样点间，石灰反应的强弱有较大差异；另外，有的单层有石灰反应，有的通体都有反应。

（二）碳酸盐草甸土的剖面特征与理化指标

碳酸盐草甸土在剖面上可大体分为腐殖层和锈色斑纹层两个层次。腐殖层的厚度在 20～30 厘米，有机质含量在 1.0% 以上。

典型剖面以盘锦大荒样点为例，描述如下：

0～6 厘米，棕黑色，沙壤土，团粒状结构，植物根系较多，有石灰反应，疏松；

6～28 厘米，灰黄色，沙壤土，粒状结构，少量植物根系，有锈斑，有石灰反应，稍显紧实；

28～47 厘米，灰黄色，沙壤土，粒状结构，有锈斑，有石灰反应，紧实；

47～75 厘米，灰黄色，沙壤土，片、粒状结构，有锈斑，有石灰反应，紧实；

75～100 厘米，灰黄色，沙壤土，无明显结构，有锈斑，有石灰反应，紧实。

碳酸盐草甸土表层（0～6 厘米）的肥力较高。以下各层的肥力较低，有机质等各养分指标都处于中等偏低或较低水平（表 2-24）。

表 2-24 碳酸盐草甸土典型剖面土壤 pH 及养分含量

| 深度（厘米） | pH | 有机质（%） | 氮（N） | | 磷（P_2O_5） | | 钾（K_2O） | |
			全量（%）	速效（毫克/千克）	全量（%）	有效（毫克/千克）	全量（%）	速效（毫克/千克）
0～6	8.31	1.61	0.085	59.90	0.077	4.79	1.083	37.66
6～28	8.18	0.94	0.031	42.16	0.069	3.34	1.814	37.08
28～47	8.22	0.91	0.023	28.69	0.063	6.80	1.592	27.24
47～75	8.20	0.45	0.038	39.69	0.071	1.70	0.958	55.11
75～100	8.17	0.46	0.042	44.84	0.064	5.80	1.233	39.21

本类土壤中的盐分在离子组成上有 3 个主要变化（表 2-25）。一是在其他土类中很少出现的 CO_3^{2-}，在本类土中有占阴离子当量总数 5.7% 的含量；二是 HCO_3^- 的占比由前几类土的 10.0% 左右，上升到了 28.3%；三是 Cl^- 占比下降到了 47.4%。而 SO_4^{2-} 的占比变化不大，占阴离子的 18.3%。各阳离子的占比变化不大，其中 $Na^+ + K^+$ 占阳离子 77.8%，Mg^{2+} 占 18.9%，Ca^{2+} 占 3.1%。

表 2 - 25   碳酸盐草甸土典型剖面土壤盐分离子组成

深度 （厘米）	CO_3^{2-}	HCO_3^-	Cl^-	SO_4^{2-}	Ca^{2+}	Mg^{2+}	$Na^+ + K^+$	全盐
0～20	0.354 0.011	1.399 0.085	1.746 0.062	0.505 0.024	0.126 0.003	0.682 0.008	3.196 0.074	8.008 0.267
20～40	0.118 0.004	1.093 0.067	1.455 0.052	0.505 0.024	0.126 0.003	0.505 0.006	2.540 0.058	6.342 0.214
40～60	0.236 0.007	1.459 0.089	1.576 0.056	0.455 0.022	0.126 0.003	0.631 0.008	2.969 0.068	7.542 0.253
60～80	0.335 0.010	0.719 0.044	1.698 0.060	0.631 0.030	0.126 0.003	0.631 0.008	2.626 0.060	6.766 0.215
80～100	—	0.640 0.039	2.934 0.104	1.692 0.081	0.076 0.002	1.364 0.017	3.826 0.088	10.53 0.331

注：盐分数据中，分子为当量浓度（单位是每 100 克土的毫克当量数），分母为百分浓度（单位是％）。

六、沼泽盐土

（一）沼泽盐土的形成与一般特性

沼泽盐土主要是在潮滩盐土的基础上，经淡水淋溶脱盐，并伴沼泽化过程后逐渐发育而成的。其生成条件是由于地形条件的改变，地表完全脱离了潮汐的影响；同时，地势低洼，地表有季节性或长年积水，有芦苇、蒲草、扁秆藨草、菖蒲等水生植物生长（图 2 - 21）。大面积的沼泽盐土集中分布在盘锦的羊圈子和东郭两地，其余的在盘锦的胡家、赵圈河及锦州的新生等地有零星分布。

图 2 - 21   沼泽盐土区自然景观

沼泽盐土的地面高程一般在 1.5～3.0 米。潜水埋深较浅，大多在 0.5～1.0 米；另外由于海水的渗透侵入，其矿化度依然较高，通常在 10～15 克/升。土壤全盐含量在 1.0% 左右，pH 为 7.5～8.0，有机质含量较高。沼泽盐土典型剖面的盐分分布见图 2－22。

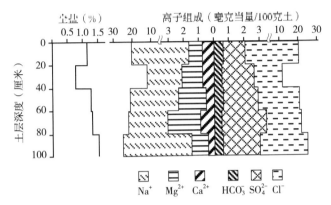

图 2－22 沼泽盐土典型剖面全盐量与离子组成

（二）沼泽盐土的剖面特征与理化指标

沼泽盐土的剖面大体上可分为 3 层：表层为盐化层，其下为腐殖层，深层为潜育层。

典型剖面以盘锦羊圈子样点为例，描述如下：

0～13 厘米，黑灰色，壤土，有团粒结构，植物根系较多，疏松；

13～24 厘米，棕灰色，壤土，粒状结构，有植物根系，有锈斑，稍显紧实；

24～54 厘米，青灰色，黏土，核、粒状结构，植物根系较少，有锈斑，紧实；

54～100 厘米，青灰色，黏土，核状结构，有锈斑，有石灰反应，紧实。

沼泽盐土表层的肥力状况较好（表 2－26），有机质含量为 1.57%，全氮含量为 0.101%，全磷（P_2O_5）含量为 0.110%，全钾（K_2O）含量为 2.083%，都属中等肥力水平。50 厘米以下土层的各项指标则都属于偏低水平。

表 2-26　沼泽盐土典型剖面土壤 pH 及养分含量

深度（厘米）	pH	有机质（%）	氮（N）		磷（P₂O₅）		钾（K₂O）	
			全量（%）	速效（毫克/千克）	全量（%）	有效（毫克/千克）	全量（%）	速效（毫克/千克）
0～13	7.65	1.57	0.101	56.70	0.110	10.88	2.083	97.66
13～24	7.80	1.22	0.082	40.49	0.098	9.63	2.407	97.07
24～54	8.00	1.01	0.074	39.69	0.087	4.78	2.590	87.19
54～75	8.00	0.67	0.040	34.02	0.092	4.61	1.951	80.12
75～100	8.08	0.49	0.042	28.35	0.064	4.32	1.233	69.18

沼泽盐土的含盐量较高，在 0.779%～1.501%，而且在剖面内分布比较均匀（表 2-27）。在阴离子组成中，Cl^- 含量最高，占阴离子当量总数的 85.1%。其次是 SO_4^{2-}，占 11.8%。HCO_3^- 最低，占 3.1%。在阳离子组成中，Na^+ 含量最高，占阳离子当量总数的 86.9%，其次是 Mg^{2+} 和 Ca^{2+}，分别占 7.5% 和 3.6%。K^+ 最低，占 2.1%。

表 2-27　沼泽盐土典型剖面土壤盐分离子组成

深度（厘米）	HCO_3^-	Cl^-	SO_4^{2-}	Ca^{2+}	Mg^{2+}	Na^+	K^+	全盐
0～20	0.630 / 0.038	18.00 / 0.639	1.584 / 0.076	0.720 / 0.014	1.008 / 0.012	18.30 / 0.421	0.190 / 0.007	40.43 / 1.208
20～40	0.578 / 0.035	10.00 / 0.355	2.160 / 0.104	0.720 / 0.014	1.296 / 0.016	10.21 / 0.235	0.510 / 0.020	25.48 / 0.779
40～60	0.630 / 0.038	18.00 / 0.639	2.304 / 0.111	0.576 / 0.012	1.584 / 0.019	18.37 / 0.423	0.403 / 0.016	41.87 / 1.257
60～80	0.525 / 0.032	18.00 / 0.639	2.880 / 0.138	0.864 / 0.017	2.160 / 0.026	17.91 / 0.412	0.474 / 0.019	42.81 / 1.283
80～100	0.578 / 0.035	22.0 / 0.781	2.448 / 0.118	0.432 / 0.009	1.152 / 0.014	23.10 / 0.531	0.346 / 0.014	50.05 / 1.501

注：盐分数据中，分子为当量浓度（单位是每 100 克土的毫克当量数），分母为百分浓度（单位是%）。

七、盐化沼泽土

（一）盐化沼泽土的形成与一般特性

盐化沼泽土是在沼泽盐土基础上，经过进一步脱盐并伴沼泽化后，逐渐发育而成的。主要形成于距海较远，但地势低洼的区域；或者是距海较近，但河水丰沛的低洼区域。本类土面积较大的区域主要分布在盘锦的赵圈河和清水两地（图 2-23），其余在盘锦的新兴、辽滨、西安等地，锦州的大有、谢屯、新庄子、石山、三台子等地，营口的老边等地有零星分布。在零星分布的区域内，盐化沼泽土常与沼泽盐土呈复区分布。

图 2-23 盘锦赵圈河盐化沼泽土区自然景观

盐化沼泽土普遍含盐量较低，一般全盐在 0.2%～0.5%，pH 为 7.1～8.1；在少数盐分较高的区域，地表常有含盐量在 0.6% 左右的盐化层。盐化沼泽土典型剖面的盐分分布见图 2-24。

地势低洼，地面高程一般在 1.5～3.5 米。潜水埋深很浅，大多在 0.5～1.5 米，在积水季节可与地表水联通。潜水仍然受海水补给影响，矿化度在 5～10 克/升。由于地表长时间积水，土壤处于饱和状态，通气条件差，微生物活动微弱，所以植株残体分解缓慢，地表基本由腐殖层覆盖。

（二）盐化沼泽土的剖面特征与理化指标

盐化沼泽土的剖面与沼泽盐土类似，但其突出特点是有较厚的

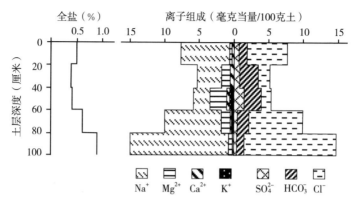

图 2-24　盐化沼泽土典型剖面全盐量与离子组成

腐殖质表层，最厚可超过 40 厘米，腐殖层中有机质含量最高可达5.0% 以上。在芦苇根孔密集的区域锈斑较多。

典型剖面以盘锦赵圈河样点为例，描述如下：

0～5 厘米，黑灰色，壤土，团粒结构，有芦苇根系，疏松；

5～44 厘米，棕灰色，壤黏土，芦苇根系多，粒状结构，有锈斑与结核，稍紧；

44～60 厘米，浅灰棕色，壤黏土，少量芦苇根系，粒块状结构，有锈斑与结核，紧实；

60～100 厘米，浅灰棕色，黏土，核、粒状结构，有锈斑和少量铁锰结核，较紧。

盐化沼泽土具有明显的沼泽化特征，土壤养分含量较高（表 2-28）。浅层（0～40 厘米）有机质含量在 1.27%～2.60%，全氮含量在 0.104%～0.147%，碱解氮为 119.10～136.10 毫克/千克，属较高肥力水平。其下各层的有机质含量在 0.67%～0.93%，全氮含量在 0.060%～0.074%，属中等偏下肥力水平。碱解氮为 56.70～73.71 毫克/千克，属中等偏上水平。全磷（P_2O_5）含量在 0.101%～0.115%，属中等水平。有效磷（P_2O_5）在 30.72～39.21 毫克/千克，属较高水平。全钾（K_2O）含量为 2.746%～3.250%，速效钾（K_2O）含量为 439.6～458.1 毫克/千克，都属极高水平。

表 2-28　盐化沼泽土典型剖面土壤 pH、养分分析

深度（厘米）	pH	有机质（%）	氮（N）		磷（P_2O_5）		钾（K_2O）	
			全量（%）	速效（毫克/千克）	全量（%）	有效（毫克/千克）	全量（%）	速效（毫克/千克）
0～20	7.88	2.60	0.147	136.1	0.115	32.19	3.250	439.6
20～40	7.80	1.27	0.104	119.1	0.108	39.19	3.053	421.1
40～60	8.15	0.93	0.069	73.7	0.124	35.11	2.746	448.8
60～80	8.00	0.87	0.074	56.7	0.108	30.72	3.113	458.1
80～100	8.09	0.67	0.060	73.7	0.101	39.21	3.140	439.6

盐化沼泽土处于长期的脱盐过程中，总体上土壤盐分含量较低；一般仅在底层部分，淋溶作用微弱，因此，盐分稍高一些（表 2-29）。剖面内全盐含量在 0.380%～0.895%。离子组成与沼泽盐土有比较大的区别。在阴离子组成中，虽然 Cl^- 含量仍然最高，但占阴离子当量总数的比例，已由 80% 以上降至 61.0%；而 HCO_3^- 的占比已由 5% 以下上升到了 26.7%；SO_4^{2-} 已由原来第二位降至第三位，但 12.3% 的占比变化不大。分析这种变化的主要原因，还是因为土壤中的沼泽植物残体在微生物的作用下分解，使土壤中 C 素含量增加，从而使 HCO_3^- 的占比有了较大幅度的提升。在阳离子组成中，Na^+ 含量最高，占阳离子当量总数的 75.0%，其次是 Mg^{2+}，占 17.5%。Ca^{2+} 和 K^+ 最低，分别占 4.1% 和 3.5%。

表 2-29　盐化沼泽土典型剖面土壤盐分离子组成

深度（厘米）	HCO_3^-	Cl^-	SO_4^{2-}	Ca^{2+}	Mg^{2+}	Na^+	K^+	全盐
0～20	1.229 / 0.075	5.900 / 0.210	0.720 / 0.035	0.288 / 0.006	0.288 / 0.004	7.167 / 0.165	0.097 / 0.004	15.70 / 0.499
20～40	2.730 / 0.167	1.750 / 0.062	0.864 / 0.042	0.518 / 0.010	1.210 / 0.015	3.575 / 0.082	0.041 / 0.002	10.69 / 0.380

（续）

深度（厘米）	HCO_3^-	Cl^-	SO_4^{2-}	Ca^{2+}	Mg^{2+}	Na^+	K^+	全盐
40～60	$\dfrac{2.363}{0.144}$	$\dfrac{1.750}{0.062}$	$\dfrac{1.613}{0.077}$	$\dfrac{0.216}{0.004}$	$\dfrac{2.549}{0.031}$	$\dfrac{2.253}{0.052}$	$\dfrac{0.708}{0.028}$	$\dfrac{11.45}{0.398}$
60～80	$\dfrac{1.691}{0.103}$	$\dfrac{7.670}{0.272}$	$\dfrac{0.504}{0.024}$	$\dfrac{0.216}{0.004}$	$\dfrac{1.296}{0.016}$	$\dfrac{8.081}{0.186}$	$\dfrac{0.272}{0.011}$	$\dfrac{19.73}{0.616}$
80～100	$\dfrac{1.229}{0.075}$	$\dfrac{13.039}{0.463}$	$\dfrac{0.461}{0.022}$	$\dfrac{0.173}{0.004}$	$\dfrac{0.432}{0.005}$	$\dfrac{14.08}{0.324}$	$\dfrac{0.049}{0.002}$	$\dfrac{29.46}{0.895}$

注：盐分数据中，分子为当量浓度（单位是每 100 克土的毫克当量数），分母为百分浓度（单位是%）。

八、草甸沼泽土

（一）草甸沼泽土的形成与一般特性

草甸沼泽土主要是在盐化草甸土、草甸盐土或碳酸盐草甸土等土类的基础上，经沼泽化发育后逐渐演变而来的。其演变的原因是由于原生态条件发生变化，地势较低洼的区域，出现季节性或长期积水，潜水水位升高，陆续有沼泽植物生长，草甸化与沼泽化交替发生或相伴发生。在少数情况下，盐化沼泽土和沼泽盐土地表积水时间减少，潜水位下降，水生植物减少而草甸植物增加，草甸化与沼泽化交替发生后，也可形成草甸沼泽土。

草甸沼泽土的总面积很小，分布零散。相对集中的区域位于绕阳河胡家镇上游河段、小柳河干流等河道两岸的低地，以及盘锦的新兴等地。另外，盘锦的西安、胡家、陈家、大荒等地，锦州的大有、三台子、新立等地，营口的老边等地有零星分布。

草甸沼泽土地面高程一般在 3.0～5.0 米，地表处于长期积水或季节性积水状态。潜水埋深大多在 1.0～2.0 米。潜水主要受河水侧渗补给，矿化度较低，通常在 1 克/升左右。土壤全盐含量在 1.0%以下，pH 为 7.5～8.5。草甸沼泽土典型剖面的盐分分布见图 2-25。

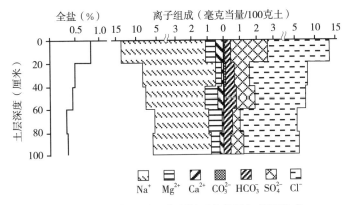

图 2-25　草甸沼泽土典型剖面全盐量与离子组成

草甸沼泽土区域常见沼泽植物与草甸植物混生群落，盐渍化较重的区域可见盐斑（图 2-26）。沼泽植物主要以芦苇为主，常伴生蒲草及莎草科植物；草甸植物主要以碱茅、獐茅、棒头草、拂子茅、虎尾草及金色狗尾草等禾本科杂草。

图 2-26　草甸沼泽土区自然景观

（二）草甸沼泽土的剖面特征与理化指标

草甸沼泽土的土壤剖面由表层（草根腐殖质层）、亚表层、过渡层和潜育层构成。发育层次比较明显，以沙壤土为主，呈暗棕色或灰棕色，常见锈斑与锈纹。

典型剖面以盘锦胡家样点为例，描述如下：

0～15厘米，棕灰色，壤土，粒状或鱼卵状结构，植物根系较多，疏松，有石灰反应；

15～30厘米，棕灰色，壤土，少量植物根系，块状结构，有锈斑与结核，稍显紧实，有弱石灰反应；

30～60厘米，浅灰棕色，黏土，芦苇根系较多，核、块状结构，有锈斑与结核，紧实，有弱石灰反应；

60～100厘米，青灰色，黏土，核、粒状结构，有锈斑和少量铁锰结核，较紧。

草甸沼泽土的有机质、全氮及碱解氮指标都表现出表层（0～15厘米）含量高，然后逐层降低的趋势（表2-30）。磷（P_2O_5）与钾（K_2O）的含量，在剖面内分配均匀。全剖面的综合肥力属中等偏下水平。

表2-30 草甸沼泽土典型剖面土壤pH、养分分析

深度（厘米）	pH	有机质（%）	氮（N）		磷（P_2O_5）		钾（K_2O）	
			全量（%）	速效（毫克/千克）	全量（%）	有效（毫克/千克）	全量（%）	速效（毫克/千克）
0～15	8.19	1.69	0.092	85.05	0.075	27.79	2.616	291.5
15～30	8.20	1.09	0.077	51.03	0.087	21.95	2.746	229.6
30～60	8.15	1.01	0.063	39.71	0.081	26.34	2.593	149.7
60～80	7.90	0.88	0.060	40.82	0.067	21.36	2.484	158.7
80～100	8.06	0.77	0.051	35.54	0.080	24.87	2.703	101.7

草甸沼泽土的淹水时间往往比盐化沼泽土的短，所以地表常有返盐现象。在盐分的剖面分布上表现为表层（0～20厘米）含盐量高于盐化沼泽土，而20厘米以下各层则低于盐化沼泽土（表2-31）。其离子组成与滨海盐土、沼泽盐土等类似。在阴离子中，Cl^-含量最高，占阴离子当量总数的79.1%。其次是SO_4^{2-}，占11.7%。再次是HCO_3^-，占8.5%。CO_3^{2-}最低，占0.7%。在阳离子中，$Na^+ + K^+$的含量最高，占阳离子当量总数的88.3%，其次是Mg^{2+}，占8.6%。Ca^{2+}最低，占3.1%。

表 2-31　草甸沼泽土典型剖面土壤盐分离子组成

深度 (厘米)	CO_3^{2-}	HCO_3^-	Cl^-	SO_4^{2-}	Ca^{2+}	Mg^{2+}	Na^++K^+	全盐
0~20	0.118 0.004	0.463 0.028	10.91 0.387	2.146 0.103	0.505 0.010	0.631 0.008	12.50 0.288	27.28 0.820
20~40	0.158 0.005	0.621 0.038	6.354 0.226	0.884 0.042	0.177 0.004	0.328 0.004	7.512 0.173	16.03 0.492
40~60	0.059 0.002	0.808 0.049	5.675 0.201	1.010 0.049	0.379 0.008	0.758 0.009	6.415 0.148	15.10 0.466
60~80	—	0.669 0.041	4.608 0.164	0.354 0.017	0.126 0.003	0.758 0.009	4.747 0.109	11.26 0.343
80~100	—	0.522 0.032	4.608 0.164	0.682 0.033	0.253 0.005	0.505 0.006	5.054 0.116	11.62 0.356

注：盐分数据中，分子为当量浓度（单位是每 100 克土的毫克当量数），分母为百分浓度（单位是％）。

九、盐渍型水稻土

(一) 盐渍型水稻土的形成与一般特性

盐渍型水稻土是在各类盐土和盐化土的基础上，在长期种稻条件下，经过排水洗盐、耕作改土、培肥等一系列人为措施，使原来土壤中的可溶性盐分含量降至 0.5％以下，但仍然具有一定盐化特征的水稻土。盐渍型水稻土是辽河下游滨海盐渍土区内面积最大的一个土壤类型，占全部盐渍土面积的 70％以上。从这个角度上说，盐渍型水稻土是各类盐渍土发育演变的最终类型。

盐渍型水稻土区的地面高程在 2.0~7.0 米。在水稻生长季节，潜水埋深大多在 0.5~1.5 米；在排水不畅的区域内，潜水也可与地表水联通；在秋季田间撤水后，潜水可回落至 2.0 米以下。潜水矿化度在 1~15 克/升。春季化冻后，地表常因返盐积盐而形成盐霜。

20 世纪 80 年代中期，盐碱地所结合第二次土壤普查，对区域内的盐渍型水稻土进行了详细调查（图 2-27）。盐渍型水稻土土壤养分含量在不同样点间差异很大，且没有明显的规律。耕层有机

质含量一般为 $0.93\% \sim 1.94\%$，全氮 $0.004\% \sim 1.94\%$，全磷 $0.049\% \sim 0.176\%$，全钾 $1.404\% \sim 2.853\%$，碱解氮 $24.95 \sim 45.36$ 毫克/千克，有效磷 $4 \sim 9$ 毫克/千克，速效钾 $180 \sim 350$ 毫克/千克。土壤容重 $1.34 \sim 1.65$ 克/厘米^3，孔隙度 $38.0\% \sim 49.5\%$。

图 2-27　盐渍型水稻土调查

随着种稻年限的增长，土壤剖面中的黏粒存在向下移动的趋势。黏粒下移的结果是在耕层底部形成犁底层。种稻年限越长，黏粒向下移动越明显，所形成的犁底层越厚。种稻 20 年以上的稻田，犁底层的厚度一般为 $10 \sim 15$ 厘米。

由于开垦种稻前的土壤质地与含盐量不同，种稻年限不同，所以盐渍型水稻土的含盐量与盐分组成存在明显差异。按照盐渍型水稻土盐分组成的不同，可进一步划分为硫酸盐盐渍型水稻土、硫酸盐-氯化物盐渍型水稻土、氯化物盐渍型水稻土和碳酸盐盐渍型水稻土 4 个土属，划分标准见表 2-32。在 4 个土属中，前两个土属面积较大，后两个面积很小。

表 2-32　盐渍型水稻土土属划分标准

土属名称	离子当量浓度比
硫酸盐型	$(CO_3^{2-} + HCO_3^-)/(Cl^- + SO_4^{2-}) < 1.0, Cl^-/SO_4^{2-} < 1.0$
硫酸盐-氯化物型	$(CO_3^{2-} + HCO_3^-)/(Cl^- + SO_4^{2-}) < 1.0, Cl^-/SO_4^{2-} = 1.0 \sim 4.0$
氯化物型	$(CO_3^{2-} + HCO_3^-)/(Cl^- + SO_4^{2-}) < 1.0, Cl^-/SO_4^{2-} > 4.0$
碳酸盐型	$(CO_3^{2-} + HCO_3^-)/(Cl^- + SO_4^{2-}) \geq 1.0$

(二) 盐渍型水稻土的剖面特征与理化指标

1. 硫酸盐盐渍型水稻土 硫酸盐盐渍型水稻土的面积占本亚类面积的 40% 左右，相对集中的区域分布在营口的水源、沟沿、高坎、旗口、新生、老边及虎庄等地，分散分布的区域在绕阳河以东的盘锦各乡（镇）。

典型剖面以营口水源样点为例，描述如下：

0～18 厘米，湿时暗灰色，干时棕灰色，壤黏土，无明显结构，水稻根系较多，疏松，逐渐向下过渡；

18～28 厘米，棕灰色，壤黏土，块状结构，有锈斑与结核，紧实，过渡明显；

28～60 厘米，灰色夹大块浅棕色锈斑，黏土，核、块状结构，有锈斑与结核，较紧实，逐渐向下过渡；

60～100 厘米，灰色夹大块浅棕色锈斑，黏土，核、粒状结构，水分饱和，较紧实。

本土属耕层土壤全盐含量为 0.18%～0.43%，pH 在 7.7～8.1。在阴离子中，SO_4^{2-} 含量最高，占阴离子毫克当量总数的 48.2%～55.5%，HCO_3^- 次之，占 31.4%～38.9%，Cl^- 最少，占 13.0%～15.1%。在阳离子中，Mg^{2+} 的含量很高，占阳离子毫克当量总数的 59.5%～64.6%，$Na^+ + K^+$ 占 24.1%～29.0%，Ca^{2+} 占 16.4%～21.1%。

2. 硫酸盐—氯化物盐渍型水稻土 硫酸盐—氯化物盐渍型水稻土是面积最大的一个土属，占本亚类面积的 50% 左右。主要分布在盘锦绕阳河以东的各乡（镇），营口的水源、老边、青石岭等地，锦州的建业、大有等地有零星分布。本土属零星分布的区域常与硫酸盐盐渍型水稻土呈复区分布。

典型剖面以盘锦荣兴样点为例，描述如下：

0～16 厘米，湿时暗灰色，无明显结构，干时浅灰色，壤黏土，水稻根系较多，疏松，逐渐向下过渡；

16～25 厘米，暗灰色，壤黏土，块状结构，少量水稻根系，有锈斑与结核，紧实，过渡明显；

25～60 厘米，青灰色，黏土，块状结构，有锈斑，较紧实，逐渐向下过渡；

60～100 厘米，青灰色，黏土，棱块状结构，锈斑较多，水分饱和，较紧实。

本土属耕层土壤全盐含量为 0.22%～0.37%，pH 在 7.8～8.3 之间。在阴离子中，Cl^- 含量最高，占阴离子总数的 47.2%～49.5%，SO_4^{2-} 紧随其后，占 33.1%～38.9%，HCO_3^- 最少，占 17.0%～23.5%。在阳离子中，$Na^+ + K^+$ 含量最高，占阳离子总数的 79.6%～82.4%，Ca^{2+} 次之，占 10.1%～16.7%，Mg^{2+} 很少，占 5.4%～6.7%。

3. 氯化物盐渍型水稻土 氯化物盐渍型水稻土面积很小，占本亚种总面积的 5% 左右，仅在盘锦南部的乡（镇）荣兴、榆树、王家、唐家等地分散分布。

典型剖面以盘锦唐家样点为例，描述如下：

0～15 厘米，浅灰棕色，壤黏土，块状结构，大量水稻根系及黑色腐烂稻根，疏松；

15～30 厘米，灰棕色，壤黏土，片状或块状结构，少量水稻根系，有锈斑与结核，紧实，逐渐向下过渡；

30～60 厘米，灰棕色，黏土，块状结构，有锈斑，紧实，逐渐向下过渡。

本土属耕层土壤全盐含量为 0.19%～0.32%，pH 在 7.4～7.9 之间。在阴离子中，Cl^- 含量最高，占阴离子总数的 71.4%～75.4%，SO_4^{2-} 占 12.7%～18.1%，HCO_3^- 占 3.3%～11.9%。在阳离子中，Na^+ 的含量最高，占阳离子总数的 80.9%～88.6%，Mg^{2+} 占 5.3%～8.2%，Ca^{2+} 占 3.2%～6.9%，K^+ 占 2.5%～5.4%。

4. 碳酸盐盐渍型水稻土 碳酸盐盐渍型水稻土面积很小，占本亚类面积的 5% 左右，分布在锦州的建业、闫家、西八千、大有、安屯、谢屯、新立等地，盘锦的西安、大荒、喜彬等地。

典型剖面以锦州大有样点为例，描述如下：

0～14 厘米，棕灰色，沙壤土，结构不明显，有大量锈斑，水稻根系较多，疏松，有石灰反应；

14～35 厘米，棕灰色，沙壤土，无明显犁底层，结构不明显，少量水稻根系，较紧实，有锈斑，有石灰反应，

35～60 厘米，棕灰色，壤土，块状结构，有锈斑，较紧实，有石灰反应；

60～80 厘米，棕灰色，壤土，块状结构，有锈斑，较紧，有石灰反应。

本土属耕层土壤全盐含量为 0.15％～0.27％，pH 在 8.1～8.9。在阴离子中，HCO_3^- 含量最高，占阴离子毫克当量总数的 42.3％～44.1％，Cl^- 含量次之，占 34.9％～38.7％，SO_4^{2-} 占 12.1％～12.6％，CO_3^{2-} 含量最低，占 8.8％～9.9％。在阳离子中，$Na^+ + K^+$ 的含量最高，占阳离子总数的 77.6％～79.8％，Mg^{2+} 占 16.7％～18.6％，Ca^{2+} 占 3.3％～3.7％。

主 要 参 考 文 献

任玉民，赵岩，魏晓敏，1987. 辽东湾岸段潮滩盐土的形成及其特性［J］. 盐碱地利用（4）：1-7.

任玉民，赵岩，魏晓敏，1990. 辽东湾岸段土壤微量元素含量及其分布 ［C］. 沈阳：辽宁大学出版社.

王东阁，2014. 辽河三角洲盐渍土区水土资源利用技术及发展方向［J］. 北方水稻（4）：1-6.

朱清海，任玉民，1991. 盘锦土壤及改良利用［M］. 沈阳：辽宁大学出 版社.

第三章　农田工程改良

一、感潮河段的潮汐特性

（一）感潮河段的潮汐现象及其影响

1. 潮汐现象　海区内涨潮形成的潮流（潮波）在惯性的作用下，可通过开敞的河口进入内河，并沿着河道上溯至很远的位置。习惯上将潮流（潮波）所经过的河段称为感潮河段。当涨潮的潮流（潮波）进入河道后，所到之处的河道内水位随之上涨；当落潮的潮流（潮波）传导至河道内时，水位随之下降。水位的涨落之间形成潮差。在潮流（潮波）沿河上溯的过程中，由于受河道下泄水流的对冲及河床抬升等影响，惯性逐渐消耗，潮差逐渐减小，潮流逐渐消失。潮流完全消失的河道断面（潮水倒灌停止处）称为潮流界。潮流消失后，潮波将剩余能量传递给河水，由河水形成的潮波继续在惯性的作用下向前推进，直到惯性全部耗尽，潮差降为零为止。潮差为零的河道断面称为潮区界。

潮流界和潮区界在河道上的位置并不固定，而是在众多因素的综合作用下，在一定的河段区间内上下游变动。就某一条河道而言，这些因素主要包括潮汐强弱、河道上游下泄径流大小及风力风向等；就不同河道而言，除上述因素外，还包括河口的收束条件、河道宽度、河床坡降、河道曲折程度等。

在涨潮时，潮流的推送与潮波的传导，都要从河口开始，一个波次接着一个波次地沿河道逐渐向上游推进，所以在蜿蜒曲折的河道中，周而复始地演绎着彼涨此落的周期性变化。即在同一时间点上，上游正在涨潮，而下游可能却在落潮；上游正处低潮，而下游可能已达满潮。

2. **潮汐影响**　在潮汐的作用下，感潮河段内水位、径流量及河水矿化度等要素始终处于周期性的变化之中。这一变化对河道两岸的灌溉排水闸站的运行都有直接的、重大的影响。所有灌排闸站的规划与设计，都必须在充分认识这一变化规律的基础上进行；所有灌排闸站的运行，也必须遵从这一变化规律，进行科学的调配。只有这样才能趋利避害，发挥出水利工程应有的工程效益。

一般情况下，在潮区界与潮流界之间的河段内，涨潮时河水水位升高，有利于由河道向农田内部引水灌溉，而不利于由农田内向河道排水；落潮时河水水位下降，有利于向外排水，而不利于向内引水。

在潮流界至河口之间的河段内，除需要考虑河水水位变化所带来的影响外，更重要的是还要考虑潮水倒灌所引起河水矿化度的变化对引水灌溉的影响。辽河下游滨海盐渍土区将灌溉引水的矿化度指标确定为 1.5 克/升。如果河水的矿化度低于这一指标时，可以引水灌溉；如高于这一指标，则一般情况下不能引水。

涨潮期间，在潮流沿河道上溯（潮水倒灌）的过程中，经河道上游下泄水流的混合稀释，河水的矿化度随着潮波的推进逐渐下降，直至潮流界矿化度值不再变化为止。河水矿化度的变化具有时间和空间两个维度。如在涨潮的过程中，在河道的某一断面上，随着时间的推移，河水的矿化度越来越高；在同一时间点上，距河口越近的河道断面，河水的矿化度越高。

河水矿化度的变化与潮汐过程密切相关，一般是遵循高潮时矿化度高、低潮时矿化度低的同频变化、滞后发生的变化规律。如就某一测站（河道断面）而言，河水矿化度的变化过程相比于潮位变化过程，有一个 1～3 小时的滞后期（图 3-1）。即在开始涨潮的 1～2 小时内，河水矿化度最低；然后随着潮位上涨，河水矿化度开始升高；在潮位达到高峰之后的 2～3 小时，河水矿化度也达到峰值；

然后，河水的矿化度再随着潮位的下降而下降。如此周而复始，循环往复。

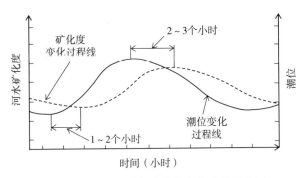

图 3-1　河水潮位与矿化度变化过程示意图

辽河下游平原滨海区域内的大凌河、小凌河与大清河受潮汐的影响较小，感潮河段短，而且潮区界内农田灌溉排水工程很少，所以对这 3 条河的潮汐研究相对较少。而辽河和大辽河的河面宽阔，河床比降小，河道进潮量大，感潮河段长；再加之感潮河段内河道两岸灌溉排水闸站众多，所以无论从农业开发角度还是从土壤改良角度出发，都必须对潮汐现象及其影响进行充分地分析。

3. **压盐流量**　辽东湾北部海域表层海水的矿化度比较稳定，其平均值变动在 29.0～30.0 克/升。由于河水的注入稀释，近岸海域海水表层矿化度迅速降低，而且变化幅度增大。大辽河口西炮台西侧海水矿化度一般在 20.0～26.0 克/升。辽河口三道沟外海水矿化度一般在 15.0～25.0 克/升。近岸海域内海水矿化度的变化规律是：落潮时偏低，涨潮时偏高；夏秋季偏低，冬春季偏高；丰水年偏低，枯水年偏高。

多年的实测资料表明，大辽河上游下泄河水的矿化度一般低于 0.2 克/升，辽河上游下泄河水的矿化度一般低于 0.3 克/升。据此可知，大辽河潮流界至河口间河水的矿化度变化范围大致在 0.2～23.0 克/升，辽河的变化范围大致在 0.3～20.0 克/升。如果将矿化度 1.5 克/升这一灌溉引水标准所在的河道断面作为临界断面，那么这个断面又将整个矿化度变化河段分为上下游两段。其中，上游低于 1.5 克/升段为可引水河段，其间的引水闸站可随时引水灌溉；下游高于 1.5 克/升段为不可引水河段，其间的引水闸站不能引水。

这个临界断面在河道上的具体位置并不固定，除主要受潮汐强弱、风力风向等自然因素控制外，还要受河道上游下泄径流这唯一一个人为主导因素的控制。如要将临界断面沿河道向下游方向推进，延长可引水河段，满足更多闸站的引水灌溉需求，就必须由上游水库加大下泄流量，增加河段内的稀释水量。这一加大后的流量即称为压盐流量。

在正常年份的汛期之前，田庄台站大潮时的压盐流量为 30 米³/秒左右，其他时间压盐流量为 20 米³/秒左右；每年 4 月初至 7 月中旬，总压盐水量为 2.11 亿～4.24 亿米³。位于田庄台站下游的荣兴站压盐流量为 50～80 米³/秒，4 月初至 7 月中旬，总压盐水量为 5.04 亿～7.30 亿米³。然而，由于辽河流域淡水资源匮乏，除特殊丰水年外，很难有足够的压盐水量保证各闸站随时引水，所以位于河道下游的引水闸站前的河水矿化度常常处于超标状态。为避免将矿化度超标的咸水引入灌区而带来严重后果，各闸站都制定了严格的水质监测上报制度。在引水期间，一般每隔一个小时采样检测一次，如发现矿化度超标，则立即停止引水，并同时将检测结果逐级上报至市、省调度中心。市、省调度中心将根据水情、农作物生育时期等因素，酌情增加压盐流量。即便如此，位于大辽河偏下游河段上的西老湾站、平安站、青天河闸、赏军站及田庄台站等每年都有 25～35 天的停止引水时间；最下游的荣兴站，停止引水的时间更是经常达到 90 天以上。

（二）大辽河感潮河段潮汐特性

受辽东湾潮汐的影响，大辽河的潮汐也属于不规则半日混合潮。每昼夜涨落两次，一个涨落周期历时 12 小时 24 分左右。每月农历初二、初三和十七、十八为大潮日，农历初九、初十和二十

四、二十五为小潮日。

大辽河面宽阔，河床比降小，而且河道上没有拦河建筑物，所以河口进潮量大，感潮河段长。据测定，大辽河河口的进潮量一般为 0.90 亿～1.28 亿米^3，最大进潮流量可达 9 100 米^3/秒，感潮河段最长可超过 150 千米。

在枯水季节，潮波最远可经过三岔河，分别上溯至浑河的三界泡一带及太子河的唐马寨一带。在汛期，上游来水超过 2 000 米^3/秒时，潮波也可推送至三岔河一带。

从河口至上游的三岔河，潮汐现象逐渐减弱。潮流速和潮流量随着潮水向上游的推进而逐渐减小，潮波传播速度也随之递减。同时，潮差逐渐变小，涨潮历时被逐渐压缩，而落潮历时被逐渐拉长（表 3-1）。

表 3-1　大辽河感潮河段典型年（1977 年）汛期潮汐要素

测站	潮差（米）						历时（时：分）					
	涨潮			落潮			涨潮			落潮		
	最大	最小	平均	最大	最小	平均	最大	最小	平均	最大	最小	平均
三岔河	1.70	0.01	0.81	1.37	0.02	0.81	7:05	1:35	4:13	10:20	2:25	8:15
田庄台	3.03	0.12	1.66	2.79	0.34	1.66	6:15	1:58	4:20	11:15	5:45	8:08
营口	2.94	0.80	2.54	3.96	0.91	2.56	6:40	3:25	5:08	9:50	5:05	7:24

按照在径流量大小与潮汐强弱的综合影响下，河道所表现出的潮汐特性，可将大辽河的感潮河段划分为 3 段：

1. 三岔河至田庄台为径流控制段　在此河段内，随着河道上游来水量的多少，河道内的潮差与潮量有明显的变化。在枯水期，上游来水量小，下游进潮量大，潮流界和潮区界可大幅度向上游推进。在汛期，下游进潮量没有大的变化，而上游来水量增大，所以潮流界和潮区界则向下游推进。在本河段内，加大压盐流量对于降低河水矿化度的作用显著。

2. 田庄台至鲤鱼沟为过渡段　在此河段内，河道径流与潮流的作用强度相近。随着上游来水量与下游进潮量的互为消长，起主导作用方也将随之发生交替轮换。在本河段内，压盐流量对于河水矿化度的影响能力较弱。

3. **鲤鱼沟至河口为潮流控制段**　在此河段内，潮波、进潮量与河水矿化度等要素主要取决于潮汐的强弱，与上游下泄流量关系不大。

（三）辽河感潮河段潮汐特性

辽河的潮汐也属于不规则半日混合潮。河口最大进潮量大约为 0.08 亿～0.19 亿米^3，最大进潮流量为 3 000 米^3/秒左右。在拦河闸修建前，潮波可上溯至六间房水文站以上；建闸后，潮波止于闸前。感潮河段全长 57 千米，从河口至河闸，潮汐现象逐渐减弱。

与大辽河相同，按照在径流量大小与潮汐强弱的综合影响下，河道所表现出的潮汐特性，也可将辽河的感潮河段划分为三段：闸前至太平河口为径流控制段，太平河口至北屁岗为过渡段，北屁岗至河口为潮流控制段。

辽河的潮汐规律与大辽河相同。潮流速和潮流量随着潮水向上游的推进而减小，潮波传播速度明显递减。同时，潮差逐渐变小，涨潮历时逐渐压缩，而落潮历时逐渐拉长（表 3-2）。

表 3-2　辽河感潮河段典型年（1977 年）汛期潮汐要素

测站	潮差（米）						历时（时：分）					
	涨潮			落潮			涨潮			落潮		
	最大	最小	平均	最大	最小	平均	最大	最小	平均	最大	最小	平均
闸前	1.41	0.62	1.02	1.17	0.64	0.91	4:00	3:00	3:30	8:30	9:00	8:45
陆家	1.44	0.69	1.07	1.08	0.74	0.91	4:00	3:00	3:30	9:30	8:00	8:45
葫芦头	1.89	1.04	1.47	1.65	1.09	1.37	4:00	3:00	3:30	9:30	8:00	8:45
北屁岗	3.18	2.29	2.74	3.08	2.27	2.68	4:00	5:00	4:30	10:00	7:00	8:30

二、灌区骨干工程布置与建设

（一）灌区骨干工程布置

1. 水利工程在盐渍土改良中的作用 "水利是农业的命脉"，对于盐渍土地区的土壤改良与农业开发来说尤其如此。辽河下游滨海地区从大规模开发之初就坚持"水利先行"的方针，经过半个多世纪的科学试验与生产实践，逐步建立起了以"引蓄结合、灌排并重，挡潮拒咸、除涝排盐"为核心的水利工程建设与运行模式，同时也积累了丰富的滨海盐渍土水利土壤改良经验。

无数的科学试验与生产实践都已证明，盐渍土改良的根本措施在于"引淡排咸、溶解洗盐"。其中，"引淡"的作用体现在两个方面：一是利用淡水溶解土壤中的可溶性盐类，为土壤脱盐创造条件；二是利用淡水入渗的压盐洗盐作用，降低潜水表层的矿化度，抑制次生盐渍化发生。"排咸"的作用体现在3个方面：一是排出溶解了土壤中（主要是耕层以内）可溶性盐分的地表"咸水"，即横向排盐；二是排除经淡水入渗淋溶了土壤中盐分的土壤内部"咸水"以及高矿化度潜水，即纵向排盐；三是控制潜水水位的抬升，防止发生次生盐渍化。"引淡"与"排咸"的最终目的就是降低土壤含盐量，以满足农作物生长的要求。

"引淡"与"排咸"是盐渍土改良中最基本的水利土壤改良手段，但对于辽河下游滨海盐渍土区来说，这一技术手段的运用却存在很大困难。其中，"引淡"的困难是因为区域内没有独立的水源，所需淡水都需要由上游水库提供，并通过远距离输送才能到达处于水系最末端的滨海区域，所以供水保证率很低。"排咸"的困难是因为区域不仅地势低洼，而且排水系统还受海潮顶托，所以地表水与潜水出流都不顺畅。面对这些具体问题，要实现"引淡排咸、溶解洗盐"的目标，就必须在区域内建立起一个功能强大、灌排自如的水利调节网。

经过几代人历时半个多世纪的不懈努力，通过陆续修建、完善、配套的站、渠、沟、库、闸等水利工程，辽河下游滨海盐渍土区逐步建立起了"引、蓄、灌、排、控、抽、挡"协调配合，调水运行灵活高效的农田水利调控系统。其中，"引"就是利用抽水站或进水闸，将河道中的淡水引入灌区内。"蓄"就是利用平原水库（或天然河道），在汛期河道水量丰沛时，或是在农田灌水期结束后，河道中有剩余径流时，将淡水蓄入其中。"灌"就是利用配套的灌水渠系，将抽水站（进水闸）提取的淡水，或是存蓄在水库、河道内的淡水，输送到田间的每一个角落。"排"就是利用排水系统，将区内地表与地下的"咸水"排出区外。"控"就是利用排水系统中的排斗（或称排盐沟），控制潜水水位。"抽"就是利用排（灌）水站，将排水系统内无法自流排出的水抽排到区域外。"挡"就是利用挡潮闸，将在潮波作用下壅高的河水，及由潮流推送来的高矿化度咸水挡在灌区之外。

辽河下游滨海盐渍土区半个多世纪的盐渍土改良实践证明，具有"引蓄结合、灌排并重，挡潮拒咸、除涝排盐"功能的农田水利调节网及其运行模式，可以充分遵循"盐随水来，盐随水去，水化汽散，汽散盐留"的水盐运动规律，以水为载体，也以水为手段，将土体内的盐分溶解并排出区外，使土体的含盐量逐步降低；同时，通过淡水入渗的挤压与稀释作用，使潜水表层的矿化度也大为降低，从而在整个滨海盐渍土区内，形成了一个稳定的潜水淡化层，为建设高产稳产的农田奠定了坚实的基础。

2. 大石桥市西部灌区骨干工程布置　位于大辽河左岸的大石桥市西部滨海盐渍土区域，为满足灌溉排水的需求，根据当地的水系与地形、地势特点，在大辽河的青天嘴河段，开挖了两条底宽为60米的人工河（青天河、黑鱼沟），使大辽河与纵贯全区的天然河道—劳动河联通。在需要灌水时利用涨潮的时机，打开青天河和黑鱼沟首端的闸门，直接将处于高水位的大辽河水引入劳动河，随后沿河各抽水站可开泵引水灌溉。在落潮时关闭闸门，劳动河水系中蓄存的水量，完全可满足各站提水的需求。在需要排水时利用落潮的时机，打开劳动河口的排水闸，将内水排出区外。一条劳动河连

接 10 多个排灌站，如长藤结瓜，能灌能排，能蓄能泄，形成一个
完整灵活的灌排控制系统（图 3-2）。

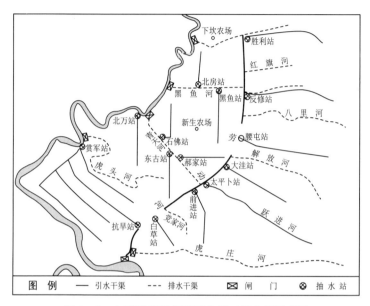

图 3-2　大石桥市西部灌区水利工程布置示意图

3. 大洼灌区骨干工程布置　位于大辽河与辽河之间的盘锦大
洼灌区是辽河下游平原内面积最大的灌区，也属于辽宁省的大型灌
区。灌区骨干工程布置的特点是在两条河的河岸布设多座抽水站。
各站可同时或分区向内部供水。灌区内部以平原水库为枢纽中心，
将各条总干渠连接在一起，使灌区形成一个供水强度、供水方向与
供水区域都可灵活调控的整体（图 3-3）。

灌区实际灌溉面积 99.6 万亩[①]，包括大洼、新开、杨家、东
风、西安、平安、荣兴及三角洲等 8 个渠系。各渠系都有独立的引
水闸站，可独立运行，承担本渠系内的灌水任务；同时，各渠系又
相互联通，可根据水源条件，互通有无、互补余缺。如在大辽河水

---

　　① 亩为非法定计量单位，1 亩＝1/15 公顷。——编者注

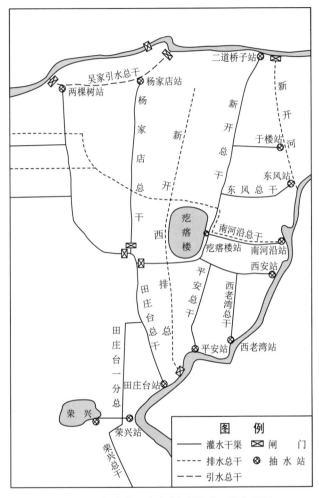

图3-3 大洼灌区东部渠系骨干工程布置图

量不足而辽河水量充沛时，辽河左岸的泵站（二道桥子站、杨家店站、两棵树站等）可全负荷开泵，向新开总干、杨家店总干和田庄台总干供水，补充给南部各渠系；还可以将辽河水引入新开河，然后由于楼站和东风站提水，通过新开总干向南部的各渠系供水。在辽河水量不足而大辽河水量充沛时，大辽河右岸的泵站可全负荷开泵，通过新开、杨家店和田庄台总干向北部渠系供水；当潮流界上推至西安站河段，西安站以下各站（西老湾站、平安站、田庄台站及荣兴站等）因河水矿化度过高不能开泵时，上游或辽河各站可全负荷开泵，向田庄台总干供水。另外，各渠系又都与疙瘩楼水库相通，在河道有剩余径流时，可灌水入库；在河道径流不足时，可调用库内储存水量供应缺水的渠系。

三角洲渠系位于大洼灌区的西部，属于整个灌区的末端。该渠系所负担的区域为新开垦的农田，"溶解洗盐"任务重，需水量大。该渠系主要由三角洲水库负责供水，由南河沿站和二道桥子站等负责补水。

4. 灌区的运行管理与配水原则 大型灌区的运行管理并不是在单一渠系运行管理的基础上简单的放大，而是要在优秀的管理队伍建设、严格的管理制度建立、科学的管理技术应用以及高效的运行机制实施等方面，都提升到一个更高的层次；否则，将会出现灌溉管理混乱、工程运行效率低下、供水排水不及时、水资源浪费严重，甚至是造成工程损毁等一系列问题。良好的灌区运行管理及科学的调水配水，对于辽河下游滨海盐渍土区来说，不仅是高效地为农作物供水的需要，更重要的是"引淡排咸、溶解洗盐"这一盐渍土改良的需要。

以盘锦灌区为例。首先根据盐渍土改良与作物生长的需求，编制灌溉制度；然后在灌溉制度的基础上，编制年度用水计划；最后在年度用水计划的基础上，编制配水方案。每年的用水计划都自下而上逐级编制，经灌区汇总、调整、定稿后，报省主管部门审批。用水计划获批后，再自上而下制定配水方案，用以指导并落实用水计划。灌区管理中所有制度的制定与技术的运用，都要以这一系列工作为中心；灌区管理人员也都紧紧围绕这一中心开展工作。

为严格执行配水方案、落实用水计划，盘锦灌区依据本灌区实际情况，建立了配水到支渠的管理制度模式。支渠以上（含支渠）渠道的配水由灌区统一管理，支渠以下渠道的配水在灌区指导下由乡（镇）水利站负责调配。

盘锦灌区为提高渠系利用系数，提高灌溉与洗盐效率，依据多年在运行管理中总结出的先进经验，制定了"先远后近、先高后低"，"高水高灌、低水低灌，小水集中、大水分散"等输配水原则。

其中："先远后近"就是在渠系灌水之初，先向距渠首较远的、渠道较长的区域供水；当较远的区域灌水结束后，再灌距渠首较近的区域。"先高后低"也是在灌水之初，先向地势较高的区域供水；当较高的区域灌水结束后，再灌地势较低的区域。

"高水高灌、低水低灌"就是当河道水量充裕，泵站可以全负荷开车，渠系处于高水位运行时，灌溉地势较高的区域。当河道水量不足，泵站只能部分开车，渠系处于低水位运行时，灌溉地势较低的区域。

"小水集中、大水分散"就是在总干或干渠内水量较小时，划小轮灌单位，实施单支渠轮灌，甚至是单斗渠轮灌，进行集中供水；在总干或干渠内水量较大时，可扩大轮灌单位，甚至全部实施续灌。

盘锦灌区的运行管理实践证明，这些灌区管理经验与输配水原则的运用效果良好。

（二）骨干工程建设

1. 蓄水工程 辽河、大辽河流域是我国的贫水地区，辽宁更是我国的缺水大省。据估算，辽宁的人均水资源量居全国的倒数第三位，辽宁农田的单位面积水资源量仅为全国平均值的 1/3。

辽河下游平原的滨海区域位于辽河、大辽河水系的末端，上游省属水库的供水需要远距离输送才能到达本区。如大辽河水系的汤河水库放水五天后才能到达盘锦河段，大伙房水库放水七天后到达，葠窝水库六天后到达；辽河水系的清河水库放水后七天进入盘锦河段，柴河水库需要五天，闹得海水库需要四天。

由于宏观区域的水资源匮乏，省内给辽河下游平原滨海区域的农业分水配额原本就不充足；再加之远距离输水中的计划外截留与水量损失,又进一步加剧了水量的短缺,所以辽河下游平原滨海区域的水资源供需矛盾非常突出。为有效解决这一问题,因地制宜地利用地形地势条件,建立独立自主的水源系统,用以补充上游供水的不足,就成为了首要选择。

以盘锦灌区为例,通过采取在河道上修建拦河工程,利用天然河道拦水蓄水;或修建平原水库蓄水,实施"余蓄缺补",使整个灌区具备了一定的水量调蓄能力及水资源供应保障能力。截至上世纪末,盘锦灌区共建设大型拦河蓄水闸一座、平原水库七座(表3-3),总蓄水能力1.87亿米³。这些工程的运用,有效地缓解了区域内水资源的供需矛盾,提高了灌溉保证率,同时也为区域内的淋溶洗盐、改良盐渍土提供了水源保障。

表3-3 盘锦灌区平原水库基本情况

水库名称	修建年份(年)	蓄水水位(米)	淹没面积(千米²)	库容(万米³)	灌溉面积(亩)
三角洲水库	1989	6.48	14.01	5 580	150 000
疙瘩楼水库	1958	6.70	13.54	4 050	100 000
荣兴水库	1956	6.25	7.54	2 500	40 000
红旗水库	1959	4.50	25.01	1 850	130 000
八一水库	1958	6.00	5.60	1 600	37 000
青年水库	1958	5.00	5.54	1 200	30 000
辽滨水库	1967	3.80	0.43	105	3 800

辽河拦河闸枢纽工程位于盘锦市双台子区城东的辽河主河道上(图3-4)。工程于1966年开工建设,1969年投入使用,2018年完成加固改建。工程主要包括拦河闸、双绕灌区进水闸、小柳河交叉工程及左岸滩地泄洪工程等。拦河闸共有闸门14孔,每孔净宽10米,闸底板高程-4.0米,最大泄洪量3 000米³/秒。拦河闸每年汛期开闸泄洪冲淤,其余时间关闸蓄水,可形成1 800万米³的库容。工程自投入运行以来,多年平均年供水量为3.7亿米³,除为盘山县

和大洼区的水田、苇田供水外，还为两岸的多家企业提供生产用水。

a

b

图3-4　辽河拦河闸枢纽工程

a. 俯视图　b. 立面图

　　三角洲水库是20世纪80年代末期，辽河三角洲大开发时，为满足开垦滩涂所新增用水需求而修建的，是辽宁省最大的平原水库（图3-5）。该水库主要以南河沿排灌站提取大辽河余流为灌库水源，输水渠道长41.3千米。在大辽河水量不足时，可改由二道桥子抽水站和疙瘩楼水库等为其供水。水库建有进出库闸站系统，可自流或泵提进出库，进出库设计流量为18.15米³/秒。每年9月20日至10月20日为集中灌库时间，春季稻田和苇田用水期为主要出库时间。

　　疙瘩楼水库是日伪时期设计，1944年4月开始施工的一座大型平原水库（图3-6）。当年，日军从盘山、台安、黑山、北镇、义县、锦西等地强征来1.0万～1.5万名劳工，组成了名曰"勤劳俸仕队"的施工队伍进行施工。1945年"八·一五"光复时，完成总工程量的60%。1958年由盘锦农垦局组织完成剩余工程。为

a　　　　　　　　　　　　b

图 3-5　辽宁省最大的平原水库——三角洲水库

a. 水库抽水站　b. 水库一角

增加调蓄能力，1989 年又进行了增容扩建。疙瘩楼水库由南河沿总干渠和新开引水总干渠供水，由抽水站提水或自流入库，提水入（出）库流量为 15 米^3/秒。

a　　　　　　　　　　　　b

图 3-6　辽宁省历史最悠久的平原水库——疙瘩楼水库

a. 水库抽水站　b. 水库一角

2. **灌溉工程**　修建灌溉引水工程是进行盐渍土改良与农业开发的基本要求，是运用一系列淋溶洗盐、灌溉农田等技术措施的前提条件。在辽河下游滨海盐渍土区内，各地都非常注重灌溉工程的建设与配套，以提高灌溉标准，最大限度地满足洗盐与作物需水要求。

以盘锦灌区为例。截至 20 世纪末，盘锦灌区共建设灌溉抽水站（其中部分抽水站具有灌溉和排水两种功能）151 座，总装机 7.41 万千瓦，提水能力 877.73 米^3/秒（表 3-4）。共修建引水总干 19 条，干渠 193 条，支渠 1 498 条，斗渠 32 753 条，各级灌溉渠道总长 17 282.49 千米。修建总干与干渠进水闸和节制闸 107 座，修建支渠进水闸和节制闸 2 287 座。全区设计灌溉面积 231 万亩，有效灌溉面积 172 万亩。

表 3-4　盘锦灌区主要排灌站基本情况

站名	站址	建成年份（年）	装机容量（千瓦）	提水流量（米³/秒）	功能
南河沿排灌站	东风镇	1968	5 600	56.0	排灌
二道桥子抽水站	坝墙子镇	1944	1 470	32.8	灌溉
南塘抽水站	古城子镇	1983	3 120	30.0	灌溉
田庄台抽水站	田庄台镇	1943	2 320	25.0	灌溉
于家楼排灌站	新开镇	1958	2 400	24.0	排灌
胜利塘抽水站	羊圈子镇	1968	2 240	21.6	灌溉
疙瘩楼水库站	唐家镇	1989	1 050	15.0	灌溉
东风排灌站	东风镇	1964	1 650	15.0	排灌
大板桥排灌站	甜水镇	1970	1 400	15.0	排灌
西安排灌站	西安镇	1978	1 960	14.0	排灌
杨家店排灌站	大洼镇	1968	1 040	14.0	排灌

　　南河沿排灌站是修建在大辽河右岸上的大型排灌站，也是东北地区最大的排灌站（图 3-7）。建站前灌区就已经形成，但由于原来为灌区供水的西安、平安、西老湾及田庄台等抽水站常因河水矿化度过高而不能开泵提水，所以灌溉保证率很低。为彻底解决这一问题，后又在上游的东风镇南河沿村新建此站。南河沿排灌站建成后，不仅可以满足自身 32.6 万亩水田灌溉的需求，还可以为荣兴、西安、平安、新开、三角洲等渠系供水及三角洲水库、疙瘩楼水库补水，受益面积达到 70 万亩以上。

　　二道桥子抽水站是修建在新开河右岸上的大型抽水站（图 3-8）。该站除满足新开渠系 11.6 万亩水田用水外，还可以向疙瘩楼水库及田庄台总干等其他渠系供水。

图 3-7　东北地区最大的排灌站——南河沿排灌站

图 3-8　二道桥子抽水站

3. 排水工程　盐渍土区排水工程的主要任务有多项：一是要以水为载体，排出已溶解了土壤中和表层潜水中可溶性盐分的灌溉水或雨水；二是要降低潜水水位，在抑制土壤返盐的同时，还要满足秋季机收与机耕作业的要求；三是要排除内涝，调节田间水文状况，满足农作物对土壤水、气、盐、养、热等要求，达到改土、增产、增效的目的。如果说，灌溉工程是进行盐渍土改良与农业开发的基本条件，那么就可以说，排水工程是盐渍土改良与农业开发等最终目标得以实现的重要保障。所以在辽河下游滨海盐渍土的改良实践中，同样也非常注重排水工程的规划、设计、建设与运行管理。

以盘锦灌区为例：首先根据地形地势条件规划排水分区。盘锦灌区总体上分为大洼排水区和盘山排水区。其中，大洼排水区中包括沙岭、吴家和大洼 3 个排水分区。面积最大的大洼排水分区中，又包括 9 个机排片区和 22 个自排片区。机排片区总控制面积为278.91 千米^2，自排片区总控制面积为 819.27 千米^2。盘山排水区包括双绕、绕西、西月及凌下 4 个排水分区，总控制面积为 1 962.08 千米²。

截止到 20 世纪末，盘锦灌区共建设排灌站 89 座（图 3-9a），总装机 4.60 万千瓦，总排水能力 523.25 米³/秒，控制面积 1 993.73 千米²。建设排涝站 64 座（图 3-9b），总装机 2.37 万千瓦，总排水能力 287.65 米³/秒，控制面积 1 338.40 千米²。修建排水支沟以上沟道 1 986 条（表 3-5），排斗以下沟道 37 150 条，各级排水沟道总长度 19 977.9 千米。修建排涝标准达到十年一遇的排水出口闸 191 座。

a   b

图 3-9 盘锦灌区的排水站

a. 排灌两用站 b. 单独功能排水站

表 3-5 盘锦灌区主要排水干沟基本情况

排总名称	控制面积（千米²）	长度（千米）	流量（米³/秒）	标准（年）
太平河	152.00	36.37	30.0	5
新开河	125.54	24.20	24.0	5
南河沿排总	123.10	37.80	26.0	5
清水河排总	110.79	14.20	55.0	10
吴家排总	102.45	21.15	30.0	10
新开排总	74.30	9.00	24.0	5
接官厅排总	69.37	16.00	48.7	10
混江沟排总	59.65	8.25	18.6	10

　　盘锦灌区在建设之初，所修建的抽水站都是单一功能的灌水站或排水站。但实践证明，这样的抽水站设备利用率低，管理分散，运行不便。为此，在随后的新站建设或旧站改造时，在地形等条件允许的情况下，都建成排灌结合站。排灌站的优势就在于利用一套机泵设备，连接排水与灌溉两套沟渠系统，可根据需要交替进行排水与灌溉作业。排灌站在结构布置上分为平面布置（图3-10）和立体布置两种形式。平面布置的特点是结构简单，造价低，施工方便；但占地面积大，管理不便。立体布置的特点是结构紧凑，占地少，运行管理方便；但施工难度较大。

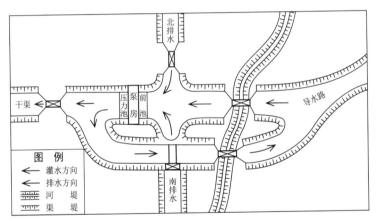

图3-10　东风排灌站平面布置示意图

　　4. 挡潮工程　对于排水出口设在感潮河岸或海堤上的排水区，其排水不仅将在受潮水顶托时出现出流不畅的情况，更重要的是还处于潮水倒灌的威胁之下。如发生潮水倒灌，将带来农田受淹、潜水位抬升与土壤返盐等一系列问题。为解决这一问题，滨海地区的基本做法就是根据条件，在排水出口处修建挡潮闸。

　　截至20世纪末，盘锦灌区共建挡潮闸31座（表3-6、图3-11、图3-12），总排水能力1 085.7米³/秒，总控制面积1 921.08千米²。

表3-6　盘锦灌区主要挡潮排水闸基本情况

挡潮闸名称	修建年份（年）	控制面积（千米²）	过流能力（米³/秒）	承泄区
一统河挡潮闸	1966	191.10	54.3	辽河
太平河挡潮闸	1987	152.00	30.0	辽河
赵圈河挡潮闸	1958	145.00	32.0	辽河
清水河挡潮闸	1978	110.79	55.0	辽河
接官厅挡潮闸	1990	69.37	48.7	辽东湾
魏家沟挡潮闸	1976	61.39	21.5	大辽河
混将沟挡潮闸	1990	59.65	24.0	辽东湾
平安挡潮闸	1956	56.67	20.0	大辽河
干鱼沟挡潮闸	1985	55.00	20.0	辽河
二界沟挡潮闸	1954	36.50	30.0	辽东湾
中央屯挡潮闸	1974	25.24	11.0	大辽河

a　　　　　　　　　　　b

图3-11　盘锦灌区的大型挡潮闸

a. 接官厅挡潮闸　b. 清水河挡潮闸

　　挡潮闸的主要功能是挡潮与排水。即在涨潮时关闸，挡潮拒咸；落潮时开闸，排水排盐，降低潜水位。由于闸前水位始终处于变化之中，所以给挡潮闸的运行管理提出了较高的要求。挡潮闸的一般运行程序为：在涨潮阶段，闸前水位与闸后水位齐平时，即刻关闸；在落潮阶段，闸前水位低于闸后水位时，视情况开闸。随着科技的发展，目前挡潮闸的运行管理都可以实现远程监控、自动控制的智能化操作。

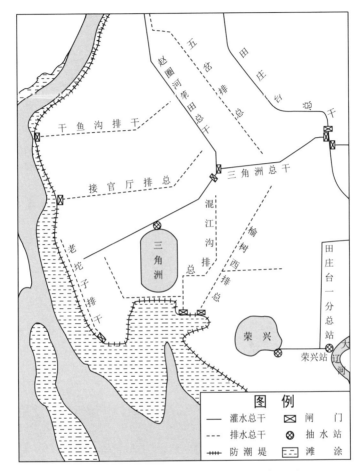

图 3-12　大洼灌区三角洲渠系挡潮闸布置图

　　在挡潮闸关闭后，由于排水系统内部下泄水的缓慢汇聚，闸后水位也有小幅的抬升；在开闸放水后，闸后水位的下降还存在一定的滞后现象（图 3-13）。从这个角度上说，挡潮闸后的排水沟系具有一定的水量调蓄能力。如果每个落潮过程，都开闸放水，可将其视为半日调节水库；如果需要连续几日关闸，则可将其视为多日调节水库。对于位于渠系末端、灌溉保证率低的区域，可在排水干

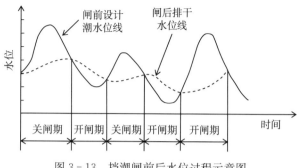

图 3 - 13　挡潮闸前后水位过程示意图

沟上修建排灌站。当渠首供水不足时，在矿化度不超标的条件下，可提引排水沟系中的水作为灌溉水的补充。

三、滨海排水承泄区的特性与应对措施

（一）滨海排水承泄区的特性

排水承泄区是指收纳某一范围内（排水区）排出水量的区域。排水承泄区是排水系统的重要组成部分，也是排水系统设计与排水工程运行的重要基础条件。排水承泄区一般有海洋、湖泊、江河、水库、坑塘及大型沟渠等。滨海地区的排水承泄区一般就是海区以及与海相接的河道。辽河下游平原滨海区域的排水承泄区就是辽东湾及辽东湾相接的感潮河段。

"水往低处流"。作为排水承泄区的基本条件，就是要求水位要低于排水出口的水位，以保证排水系统内的积水能顺利排出。然而滨海地区的承泄区，无论是海区还是感潮河段都有潮汐现象，其水位处于时刻变化之中。在落潮时，其水位可能低于排水出口的日常水位，满足排水要求；在涨潮时，水位就可能不能满足排水的要求。

在滨海盐渍土区，排水系统内的水不能正常排出，甚至出现壅水及倒灌情况时，所带来的后果不仅仅是农田受淹的问题，而且还会导致无法正常排盐、潜水水位抬升、土壤返盐等一系列问题。所以，对于区域内各排水分区来说，无论其面积大小，如果通过水位分析计算，确定承泄区水位过高或高水位持续时间过长时，都必须采取工程措施加以解决。

在做具体区域的排水系统设计时，需要对排水出口的承泄条件进行具体分析，以确定该系统的出流状态，最终确定某一保证率下的排水方案。一般条件下，滨海区域的排水方案有敞排、抢排和强排3种。其中，敞排方案就是承泄区水位始终低于排水出口水位，具备完全自排条件，无需在排水出口处修建任何工程，可以敞开排水。抢排方案就是承泄区水位与排水出口水位相比有时低，有时高，不具备完全自排条件。在这种情况下，一般需在排水出口处修建挡潮闸，在涨潮时关闭闸门防止外水倒灌，在落潮时打开闸门排出内水，属于抢时间排水。强排方案就是承泄区水位始终高于排水出口水位，完全不能自流排水，则需在排水出口处修建排水站，强行排出内水。

在做承泄条件分析时，要选取对排水最不利的时期（汛期）的资料进行。首先要分析某一保证率条件下的承泄水位值，然后再计算排水系统所要求的出口水位，最后将承泄区水位与排水出口水位进行比较分析，得出最终结论。

(二) 承泄区条件分析

1. **承泄区水位分析** 在进行承泄区水位分析时，首先要搜集承泄区内相关水文站长系列的潮位资料，然后在此基础上做频率分析，最后得出各频率的潮位值。

以大辽河的潮位分析为例，其分析过程分为4个步骤：第一步是根据三岔河、田庄台和营口3个水文站多年的汛期一日高潮位和七日连续高高潮位资料做频率分析，选取保证率（P）为1%、5%、10%和20%等4个高高潮位（表3-7）；第二步是根据潮位资料，查找出与所选取的高高潮位对应的高低潮位；第三步是根据3个站的高高潮位值和高低潮位值，点绘出高高潮位和高低潮位曲线；第四步是采用内插法，在曲线上确定整个感潮河段内各排水口的高高潮位和高低潮位。

表 3-7　大辽河潮位频率分析成果（米）

水文站	潮位名称	保证率（P）			
		1%	5%	10%	20%
三岔河	一日高潮位	7.92	6.69	6.08	5.41
	连续七日高高潮位	7.67	6.41	5.79	5.09
田庄台	一日高潮位	3.68	3.44	3.32	3.18
	连续七日高高潮位	3.28	3.08	2.94	2.84
营口	一日高潮位	3.18	3.10	3.04	2.96
	连续七日高高潮位	2.89	2.80	2.74	2.68

2. 排水出口水位推算　排水系统的设计水位分为排渍水位（又称为日常水位）和排涝水位两种。其中，排渍水位是需要排水系统日常维持的水位，其主要作用除排出积水外，还有加强淋盐、促进脱盐、抑制次生盐渍化发生的作用。

计算公式：

$$D_{出} = D_{地} - H_{深} - \sum iL - \sum h$$

式中：$D_{出}$——排水出口水位高程（图 3-14）；

　　　$D_{地}$——最远处或最洼处地面高程；

　　　$H_{深}$——末级排水沟水深；

　　　i——各级排水沟比降；

　　　L——各级排水沟长度；

　　　h——局部水头损失。

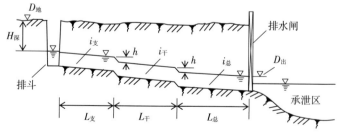

图 3-14　排水出口水位推算示意图

　　3. 承泄条件分析　排水出口水位与承泄区水位之差称承泄水头。为方便叙述，将用 A 表示高高潮承泄水头，用 B 表示高低潮承泄水头（图3-15），用 $A+B$ 表示综合承泄水头。当 A 和 B 均为负值时，表示排水系统处于不能自流排水状态；当 A 为负值，B 为正值，且两者代数和等于或接近零时，说明综合承泄水头较低，处于可半自流排水状态；当 A 和 B 均为正值，或 A 为负值 B 为正值，但 A 与 B 代数和大于1时，说明综合承泄水头较高，处于可自流排水状态。A 值与 B 值越大，排出条件越好。

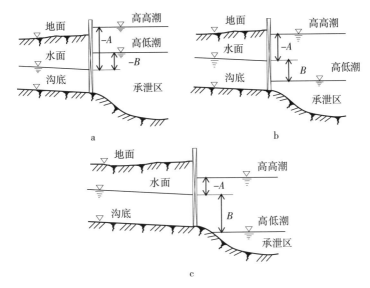

图3-15　排水承泄条件分析示意图

a. $A<0$，$B<0$，不能自排　　b. $A<0$，$B>0$，$A+B\approx0$，可半自排

c. $A<0$，$B>0$，$A+B>1$，可自排

　　由大辽河承泄条件分析结果（表3-8）可知，大辽河大亮沟以上河段的承泄水头均为负值，而且该河段原本就属径流控制段，潮差很小，在汛期主要受河道行洪影响，河道内长时间处于高水位行洪状态，即使在低潮位期，河段水位也高于排水出口水位，所以不具备自流排水条件。在平水年份，汛期影响排水的天数一般在

20 天左右；在丰水年份，则影响时间更长，外河水位更高，排水形势更严峻。

表 3 - 8 大辽河承泄条件分析（米）

排水系统	排水出口水位	承泄区水位		承泄水头		承泄条件	
		高高潮	高低潮	A	B		
于家楼	1.75	5.31	4.86	-3.56	-3.11	$A<0, B<0$	不能自排
东风	1.70	5.00	4.27	-3.30	-2.57	$A<0, B<0$	不能自排
南河沿	1.00	4.77	3.88	-3.77	-2.88	$A<0, B<0$	不能自排
大亮沟	1.00	3.50	1.63	-2.50	-0.63	$A<0, B<0$	不能自排
平安	2.00	3.16	1.02	-1.16	0.98	$A<0, B>0, A+B\approx0$	可半自排
高家	2.40	2.94	0.69	-0.54	1.71	$A<0, B>0, A+B>1$	可自排
中央屯	1.80	2.87	0.33	-1.07	1.47	$A<0, B>0, A+B\approx0$	可半自排
辽滨	1.50	2.74	-0.90	-1.24	2.40	$A<0, B>0, A+B>1$	可自排

注：$P=10\%$。

平安河段与中央屯河段的高高潮承泄水头为负值，但高低潮承泄水头为正值，而且两者代数和接近零。这说明排水出口水位处于两个潮位之间，但综合承泄水头较低；在低潮位时可以自流排水，在高潮位时则不能自流排水。所以这一河段控制的排水区内，地势较高的部分排水条件较好，可自流排水；地势稍低的部分排水条件较差，不具备自流排水条件。故此，将其划定为半自流排水区段。

高家河段与辽滨以下河段的高高潮承泄水头为负值，高低潮承泄水头位正值，但两者代数和大于1。这说明排水出口水位处于两个潮位之间，但综合承泄水头较高。虽然在高高潮时的潮位仍高于排水出口水位，但绝对值很小，这一状态的持续时间也很短；在低潮位时，承泄水头较高，而且持续时间较长，具备自流排水条件。所以，将这两河段控制的排水区划定为自流排水区。

综合上述分析可见：在径流控制河段，潮位与潮差主要受径流控制，潮差较小。特别是在汛期，河水长时间处于高潮位状态，承泄条件不好。在过渡段，潮差逐渐增大，地势较高的部分可在低潮期自流排水，承泄条件有所改善。在潮流控制段，潮位较低，潮差加大，自排时间较长，一般都能满足自排要求。

(三) 改善承泄区条件的措施

1. 自排区的改善措施

①修建挡潮闸。修建挡潮闸是滨海地区改善排水条件的重要工程措施。在自流排水区和部分半自流排水区的排水出口处修建挡潮闸，在高潮位时关闸，防止海水倒灌，防盐拒卤；在低潮位时打开闸门，排出内水。可安装自动控制闸门系统，随着外河水位的变化自动开闭。

②扩大排水干沟横断面。在挡潮闸关闭期间，农田及上游排水系统内的水仍然向下游汇集，此时的排水总干实质上成为了上游排水系统的承泄区。在这种情况下，增加排水总干或排水干沟的横断面，增大沟道容量，提高蓄水能力，可有效降低壅水高度，减轻关闸壅水而对上游农田产生的危害。一般可根据闸前潮位过程线与闸后水位库容关系曲线，进行调蓄演算，以确定排总（排干）的横断面尺寸。

③增加闸门孔数或增加单孔过流断面。由于排水出口所处位置不同，所以落潮自排的间歇时间有长有短。对于那些自流排水时间较短的排水区，可通过增加闸门孔数或加大单孔过流断面的方式加大过流能力，可确保在有限的时间内，充分排出区内积水。具体的增加形式与数据，也应通过调蓄演算确定。

④增加排水出口。对于受排水时间较短与沟、闸的尺寸不可能放得很大的双重制约的少部分排水区域，可采取划小排水分区，增加排水出口，分区独立排水的方法，提高排水能力。

⑤下移排水出口。感潮河段承泄条件分析的结果说明，潮流控制河段的承泄条件优于径流控制的河段。对于有条件的排水区，将排水出口由径流控制河段，下移至潮流控制河段，可大大改善排水条件。盘锦灌区的小柳河排水口下拉至辽河拦河闸之下（图3-16）、

一统河排水口下拉至陆家、太平河排水口下拉至新生等，营口市的劳动河排水与改线都是很好的应用实例。

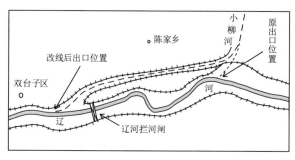

图 3-16　小柳河排水口下拉示意图

⑥河道裁湾。河道在自然形成过程中，由于水流惯性的冲淤作用，使主河槽逐渐弯曲，进而使河道流程增加、比降变缓、流速降低。这一河道自然演变现象所带来的问题常常突出表现在汛期，影响河道行洪，影响排水区内除涝排水。对于这一问题可根据具体条件，因地制宜地将过于弯曲的河道裁湾取直，缩短流程，增加河床比降，进而改善承泄条件。辽河的陆家屯裁湾、魏家裁湾、双桥子裁湾、何家裁湾、陆家裁湾、蓝家裁湾及绕阳河的渔圈沟裁湾等都收到了良好效果。

2. 机排区的改善措施

①将排水站修建在排水总干沟的末端。在条件允许的情况下，应尽量将排水站修建在排水总干沟最末端的出口处，以便控制整个排水区域，发挥出工程效益。如在排水区域的上游有较大面积的低洼地带时，可以考虑将排水站建在低洼区的边缘处。

②适当划小排水分区。在排水区域内地势复杂、地面起伏多变的情况下，可遵循"高水高排、低水低排"的原则，根据地形地势划小排水分区，分散建站，提高排水效率。对于小规模封闭洼地，可修建小型排水站（点），将水送入排水干沟。

③修建灌排结合站。单一排水功能的排水站，每年的运行时间仅限于汛期或其他少数几个需要集中排水的时期，设备闲置时间

长，工程效益低。为提高设备利用率，扩大工程效益，可将排水站改为排灌站，在提高排水能力与除涝标准的同时，可充分利用田间回归水灌溉，实现一举多得的目标。

四．农田灌排调节网

(一) 农田灌排调节网的任务与设计

1. **灌排调节网的构成与任务**　农田灌排调节网由多级灌溉渠道所组成的灌水渠系和与灌水渠系相对存在，但自成系统、独立运行的多级排水沟道所组成的排水沟系联合构成。

农田灌溉渠系按照渠道的性质可分为输水渠、配水渠和灌水渠，按照渠道的级别又分为总干渠、干渠、支渠和斗渠，其中总干渠和干渠属于输水渠，支渠属于配水渠，斗渠属于灌水渠。排水沟道（系）与灌溉渠道（系）相对应，按照级别分别称为总干沟、干沟、支沟和斗沟。

在辽河下游滨海盐渍土水田区，将一条灌水渠（斗渠）所控制的土地范围称为灌溉地段。一个灌溉地段就是一个灌溉管理的基本单元（图3-17），灌排调节网的设计与农田灌排技术的运用，都以其为基础。

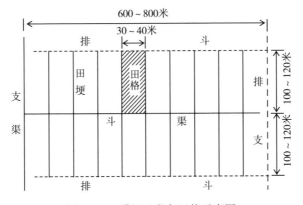

图3-17　灌溉地段与田格示意图

灌溉地段的大小首先与地形地势条件相关。一般情况下，地形开阔、地势平坦时，灌溉地段可大一些；反之，就要小一些。在做具体设计时，除要考虑地形地势条件外，还要考虑土壤盐渍化程度、排水承泄条件及机械作业要求等。

排斗与斗渠是灌溉地段水分调节与淋溶洗盐的控制枢纽，也是整个农田灌排调节网的核心。按照排斗与斗渠的平面位置关系，灌溉地段的形式有相邻布置和相间布置两种形式。辽河下游滨海盐渍土水田区基本上全部采用相间布置形式。排斗与斗渠相间布置具有单条沟渠控制面积大、管理方便、排灌效率高及脱盐效果好等优点。

盐渍土水田区灌排调节网中灌溉渠系的基本任务有两项：一是为田间土壤的溶盐洗盐提供足够的淡水；二是为水稻生长提供生理需水与生态需水。排水沟系的基本任务有3项：一是在泡田洗盐及水稻生育期内，排出已溶解了可溶性盐分的地表水与表层潜水；二是在雨季排除内涝，避免过多降雨导致水稻受淹；三是通过调控潜水水位，抑制返盐，调节土壤水气平衡，满足水稻生长与秋季机收、机耕的作业要求。

盐碱地所针对辽河下游滨海盐渍土水田区的具体条件，提出了农田灌排调节网应达到的技术经济指标如下：

在泡田洗盐期间，通过"引淡—溶盐—排咸"等技术措施，将耕层土壤盐分迅速降至0.15％～0.20％以下，以满足水稻返青的要求；

在水稻生育期内，保持田面淡水对土壤盐分的淋溶及对高矿化度潜水的压制态势，保证土壤盐分持续下降，使1.0米深土层的盐分降至0.2％以下，同时逐步建立起1.5米厚、矿化度低于3克/升的潜水淡化层；

在水稻生育期内，根据排盐技术的要求，通过周期性排出田面水并降低潜水水位等措施，改善耕层土壤的通透性，使耕层土壤的氧化还原电位保持在-100毫伏以上，抑制亚铁（Fe^{2+}）、亚锰（Mn^{2+}）、硫（S^{2-}）及其他有机类还原物质积累，满足水稻生长对

水、肥、气、热等条件要求;

在秋季田间撤水 10 天后,将潜水位降至 50～60 厘米以下,使耕层土壤含水率降至 30% 以下,以满足机收的要求;

在秋季田间撤水 20 天后,使潜水位降至 80 厘米以下,耕层土壤含水率降至 23% 以下,以满足机耕的要求。

2. 潜水的临界深度与控制　由"盐随水来,盐随水去,水化汽散,汽散盐存"的水盐运动规律可知,当潜水通过土壤毛管作用上升至地表后,水分逐渐蒸发散失,而所携带的盐分则留在了地表。但是,毛管上升作用有一定的限度,毛管上升水也只能攀升到一定的高度。当潜水埋藏较浅时,毛管上升水可上升至地表;当潜水埋藏较深时,毛管上升水则不能到达地表(图 3-18)。为准确描述潜水位的状态及其影响,将干旱季节内毛管上升水刚好到达地表时的潜水埋藏深度,称为潜水临界深度。

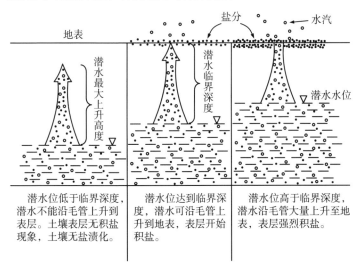

图 3-18　潜水临界深度及其影响示意图

潜水临界深度并不是一个常数,而是在不同条件下表现为不同的数值。影响潜水临界深度的主要因素有:土质、潜水矿化度、气候及耕作方式等。一般情况下,气候越干旱,蒸降比越高,潜水矿化度越高，潜水临界深度就越大；反之，临界深度就越小。

　　土壤对潜水临界深度的影响，主要取决于毛管性能，如毛管水的上升高度与上升速度。一般情况下，壤质土中毛管水上升的高度最高，上升的速度最快，所以其临界深度值最大（表3-9）。黏质土中毛管水上升的高度最低，上升的速度最慢，所以其临界深度值最小。沙质土介于二者中间。在土壤剖面结构复杂或土壤紧实度变化较大时，情况又有很大的不同。如壤质土中有沙质或黏质夹层时，会阻滞毛管水的运行，可减小临界深度值。在土壤过于疏松条件下，所形成联通地表的毛管数量很少，毛管水运行受阻，也可减小临界深度值。

表3-9　潜水临界深度参考值

潜水矿化度（克/升）	潜水临界深度（米）			
	沙质土	沙壤质土	黏壤质土	黏质土
1～3	1.4～1.6	1.8～2.0	1.6～1.8	1.2～1.4
3～5	1.5～1.7	1.9～2.1	1.7～1.9	1.2～1.5
5～8	1.7～1.9	2.1～2.3	1.9～2.1	1.4～1.7

　　辽河下游滨海盐渍土水田区，土质以黏土和黏壤土为主，潜水矿化度主要在1～6克/升，所以潜水临界深度一般在1.3～1.8米。但是，由于区域内地势低洼，同时又受周期性潮水顶托，排水的承泄水头很小，如果在排水系统设计时，完全按照潜水临界深度值进行，将使排水工程造价与排水系统的运行维护费用大幅度增加。

　　盐碱地所的试验结果表明：如在春天蒸发强烈的季节内，允许田面有轻微的返盐；而在泡田洗盐过程中及水稻生长期内，运用合理的淋溶洗盐技术，则可以维持耕层土体内盐分的年内动态平衡与年际间的稳定脱盐状态。所以，辽河下游滨海盐渍土水田区在进行排水系统设计时，先设定一个小于潜水临界深度的水深值，并称其为潜水允许深度（$D_允$）。然后用允许深度值代替临界深度进行设计。盐碱地所根据区域土壤质地与潜水矿化度的情况，将潜水允许深度值（$D_允$）确定为 1.0～1.2 米。

3. **排斗沟深沟距确定**　在灌溉地段内，在一定的排斗深度条件下，满足排除表层潜水并控制潜水位要求的排斗间距，与土壤的透水性及含水层的厚度等因素密切相关。如土壤渗透系数越大，满足要求的排斗间距可以越大；反之，间距就应该越小。同样，排斗的深度与间距之间也存在密切的关系。在同一深度情况下，间距越小，潜水位下降的速度越快，在一定时间内的下降值越大；反之，间距越大，潜水位下降的速度越慢，在一定时间内的下降值越小。在同一间距情况下，沟深越大，潜水位下降的速度越快；反之，沟深越小，潜水位下降的速度越慢。在一定的时间内要求将潜水位降至一定的深度条件下，排水沟的间距越大，所要求的深度也越大；反之，排水沟的间距越小，所要求的深度也越小。盐碱地所观测的不同排水斗沟的沟深沟距条件下，田间潜水的回降过程（表 3-10），也说明了这一规律。

表 3-10　潜水回降过程观测资料

沟深 （米）	沟距 （米）	回降速度（米/天）			回降深度（米）		
		5 天	10 天	15 天	5 天	10 天	15 天
1.5	300	0.14	0.09	0.07	0.70	0.95	1.05
1.5	200	0.16	0.10	0.07	0.80	1.05	1.10
1.2	300	0.04	0.05	0.05	0.20	0.60	0.80
1.0	240	0.03	—	0.03	0.15	—	0.50

在进行具体设计时，一般首先根据潜水允许深度值、边坡稳定条件及施工条件等因素确定排斗的深度，然后再据此确定排斗的间距。

排斗的深度（D）可由下式确定：

$$D = D_允 + H + D_内$$

式中：$D_允$——控制土壤返盐所允许的潜水埋深（图 3-19）；

　　　　H——相邻两条排斗中间的潜水位与排水沟内水位之差；

$D_内$——排斗内水深。

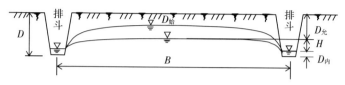

图 3-19　排斗沟深沟距关系示意图

排斗间距（即灌溉地段宽度）的确定有两种方式：一是根据试验与调查资料，确定一组沟深沟距相对应的经验值；二是在缺乏试验资料的条件下，利用修正公式计算确定。

盐碱地所针对辽河下游滨海盐渍土区的具体情况，经过反复试验，提出了排斗的沟深沟距对应参考值（表 3-11）。

表 3-11　排斗沟深沟距对照（米）

沟深	水田区					旱田区	
	1.10	1.15	1.20	1.25	1.30	1.30	1.50
沟距	200	210	220	230	240	300	400

关于排斗间距的计算，国内有多个经验公式可以借鉴。辽宁省水电勘测设计院在对盘锦灌区进行水利工程建设规划时，提出了关于沟深沟距计算的盘锦修正公式，并广泛应用于在辽河下游滨海盐渍土的水田开发中。

排斗间距（B）的盘锦修正公式为：

$$B = \frac{6.68KT}{\ln(D_始/D_允)} - 77$$

式中：K——土壤渗透系数（米/昼夜）；

　　　T——潜水位由 $D_始$ 降至 $D_允$ 的时间（昼夜）；

　　　$D_始$——潜水下降的起始水位（米）。

4. 灌溉地段长度确定　灌溉地段的长度也就是斗渠与排斗的长度，其数值的确定主要应考虑地形地势、机械作业、灌溉管理及农田运输等因素。对于辽河下游滨海盐渍土水田区来说，主要应考虑提高机械作业效率、降低油耗，其次应考虑方便灌排管理与方便农用物资的运入、农产品的运出等因素。

农机的作业效率取决于作业台班内，机械空转与掉头时间所占的比重。机械单程作业长度的增加有利于提高作业效率和降低油耗，但作业长度与作业效率并不是线性关系。盐碱地所的试验结果表明：东方红-54 型拖拉机在翻耕作业时，如单程作业长度小于500 米，则作业效率下降较快，耗油率增加较快；如单程作业长度大于 1 100 米，则作业效率和耗油率变化不大。

盐碱地所从田间灌溉管理角度调研的结果显示：如灌水渠（斗渠）的长度小于 500 米，则工程占地与灌溉管理的工作量都有所增加。如斗渠的长度大于 1 500 米，则渠道横断面与挖填土方量都会大幅度增加；同时，灌排水的持续时间也会明显延长，灌排效率降低。

在综合分析各相关因素的基础上，盐碱地所提出辽河下游滨海盐渍土水田区的灌溉地段长度，以 600～800 米为宜。在将来，随着经营规模的增大及大型农业机械的应用，灌溉地段的长度可增加至 800～1 000 米。

（二）加密灌排调节网——临时沟渠系统

1. **临时沟渠系统的作用**　在辽河下游滨海盐渍土区实施水田开发之初，平整土地的工作量很大，加之当时的生产力水平不高，所以开垦出的土地的平整度都很低。实践证明，盐渍土水田的地面不平，既不利于洗盐排盐，也不利于作物生长，其突出问题表现在以下两个方面：

①在田面水位逐渐下降的过程中，较高部分的田面先露出水面并开始强烈蒸发。蒸发所散失的水分在毛管吸力的作用下，由周围较低处的水通过毛管侧向运动补给。这一过程使周围土壤和水中的盐分不断向高处运移，并集聚于地表，形成盐斑（图 3-20）。这一现象的存在，打破了田面淡水层的整体压盐、淋盐态势，影响了整体的洗盐效果。

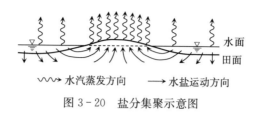

水面
田面

〰〰〰 水汽蒸发方向   →→→ 水盐运动方向

图 3-20　盐分集聚示意图

②在田间灌溉水淹灌 3～5 天后，水中已经溶解了较多盐分，水的矿化度也有所升高，淡水变成了"咸水"，此时需要"排咸补淡"。但是在田面的低洼处，总会残留一些"咸水"无法彻底排出（俗称"窝碱"），只能依靠一次次补入淡水进行稀释，这样也就影响了预期的排盐效果。

20 世纪 50 年代，位于黄淮海盐渍土区的河北省芦台农场（现已更名为河北省唐山市芦台经济技术开发区）为减少平整土地的工作量，提高平地质量；同时，也为了缩短灌溉与排水时间，提高灌排效率，增强洗盐排盐效果，采取了划小田格面积，在原田格内增加一级灌水毛渠，增加一级或两级排水毛沟（简称"排毛"）的办法，收到了良好的效果。增设的毛渠与排毛属于临时性渠沟，可根据土壤盐渍化程度设立，再根据土壤脱盐情况适时取消。

从 1959 年开始，盘锦灌区借鉴芦台农场的先进经验，对原田间工程进行了增设临时排灌沟渠、划小田格面积的改造，收到了良好的效果。

据盐碱地所调查，未改造前，人工整地需要 1.10 工日/亩；改造后，需要 0.75 工日/亩，节省劳力 31.8%。同样，在格田规格为 50 米×60 米时，人畜组合（2 人＋1 牛）平地作业效率为 6～9 亩/班；在格田规格改为 20×20 米时，同样的人畜组合平地作业效率为 15～18 亩/班，工效提高 1 倍。同时，整地质量也有明显提升。水耙地后，达到"寸水不露泥"标准的田格比例可以超过 70%。

另据盐碱地所调查，在泡田首日，排毛渗出水的含氯（Cl⁻）量，就由 0.22% 增加到了 1.29%，排盐效果明显。分析其原因，由于增加了一级或两级排毛，大大地增加了灌溉地段内的排水沟密度，进而增强了垂直向渗透排盐的效果，所以表现出排盐迅速，脱盐率高。同时，调查结果也显示出，排毛间距越小，脱盐率越高，排盐效果越好。另外，在排毛间距小时，可以表现为全层脱盐；在间距较大时，表现为浅层脱盐，而深层则稍有积盐（表 3-12）。

表 3-12　排毛间距对脱盐率的影响

排毛间距 （米）	土层深度 （厘米）	泡田前含 Cl^- 量 （%）	泡田后含 Cl^- 量 （%）	脱 Cl^- 率 （%）
	0～10	0.231	0.054	76.6
	10～25	0.083	0.050	39.8
20	25～45	0.054	0.041	24.1
	45～65	0.047	0.039	17.0
	65～100	0.056	0.055	1.8
	0～10	0.320	0.084	73.8
	10～25	0.081	0.049	39.5
25	25～45	0.060	0.055	8.3
	45～65	0.052	0.056	-7.7
	65～100	0.053	0.058	-9.4
	0～10	0.270	0.081	70.1
	10～25	0.089	0.059	33.7
30	25～45	0.056	0.055	1.8
	45～65	0.050	0.054	-8.0
	65～100	0.060	0.065	-8.3

2. **临时沟渠系统的横向布置**　盘锦灌区刚开始进行增设排毛改造时，是在原来长度为 500～800 米，宽度为 100～120 米的半幅灌溉地段内，垂直于斗渠引出灌水毛渠，垂直于排斗引出排毛。毛渠为半填半挖式，挖深 20～30 厘米，排毛挖深 30～40 厘米。毛渠与排毛相间布置，间距一般为 30～50 米。对于盐分较重或者是新

垦殖的荒地，间距加密至 20～30 米。对于盐分较重，或者受原固定渠系的限制，间距无法加密时，在垂直于排毛的方向上，再增设间距为 20 米左右的二级排毛（图 3-21）。

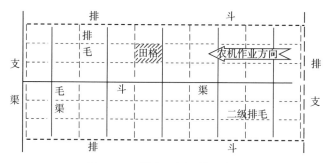

图 3-21　横向毛渠系统示意图

在增设一级或两级排毛的条件下，排毛负责排出田间换水，同时在水稻生长期内，也可以起到一定的控制潜水位、增加渗透排水的作用；排斗除负责输出日常田间换出水量外，还承担田间控水期间控制潜水位的任务。

在这种增设临时沟渠系统的条件下，由毛渠与排毛分割的田格面积为 1～2 亩，田格内可以实现精细整平，解决了地面高低不平的问题，进而避免了高处返盐积盐、低处窝盐的现象；另外，多数田格都呈三面排水、一面灌水状态，因此，排灌时间短、效率高、洗盐效果好。据盐碱地所测定，增设临时沟渠系统的灌溉地段，耕层土壤脱盐率可达到 32.1%～41.5%，75% 以上地段的表层潜水矿化度降至 1.3 克/升以下；未设临时沟渠系统灌溉地段的耕层土壤脱盐率仅为 9.6%～15.2%。

然而经过生产运行发现，采用这种增设临时性沟渠系统的灌溉地段，在收到方便整地、方便灌排、提高脱盐率等效果的同时，也存在一个问题。就是这种与斗渠排斗垂直的毛渠排毛系统，同时也与农机作业方向垂直。为了不妨碍农机作业，每年秋季都要先将毛渠和排毛填平，等机耕作业结束后，翌年春季再重新开挖才能灌水泡田。这样一填一挖，需增加用工 2～3 工日/亩，增加了生产成本与作业负担。

3. 临时沟渠系统的纵向布置改造 针对前述临时沟渠系统所存在的问题，从 1961 年开始，盐碱地所根据辽河下游滨海盐渍土水田区现有灌溉地段的基本情况，提出了将与排斗和斗渠垂直设置的临时沟渠系统，改为与排斗平行设置的方案，并随即开展试验，以求在保留增设临时沟渠系统的各项优点的同时，又能解决与农机作业相矛盾的问题。在实际工作中，为了方便描述，将新方案形象地称为纵向布置方案；与此相对应，将原来的方案称为横向布置方案。

临时沟渠系统横向改纵向的具体做法是：将斗渠由原来与支渠垂直设置，改为与支渠相邻平行设置，然后再在与斗渠垂直的方向上设置毛渠；将排毛改为与毛渠平行相间设置（图 3-22）。毛渠与排毛改向以后，长度大幅度增加，所负担的土地面积也随之增加，所以毛渠与排毛的断面面积也要有所增加。一般情况下，毛渠为半填半挖断面，挖深 50～60 厘米，底宽 50 厘米左右；排毛挖深60～70 厘米，底宽 50～60 厘米。

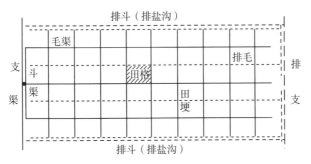

图 3-22 纵向毛渠系统示意图

由于临时性沟渠改为纵向之后，与农机作业方向一致，不用每年都进行秋填春挖，可在一定期限内连年使用；同时也由于排毛与毛渠断面面积的增大，其性质就由原来的纯临时性沟渠，变为了半固定性或固定性沟渠。故此，整个农田灌排调节网的沟渠级别也就随之增加到了五级，即为总干沟（渠）、干沟（渠）、支沟（渠）、斗沟（渠）和毛沟（渠）。同时，五级沟渠系统也构成了一张加密的农田灌排调节网。

在排毛与毛渠改为纵向布置后，在一个灌溉地段内，就形成了4～6条长度相同（一般为600～800米），宽度可能相同也可能不同的（一般为25～50米）的长条状田块，称为条田。在每个条田内，再根据地面高差，用小田埂分隔出面积为1～2亩的田格。每个田格由一侧灌水，一侧排水，单灌单排。

在排毛改为纵向后，沟深增至60～70厘米，接近排斗的一半，因此，排毛除具有排出田间换水的功能外，还具有调控土壤内部水盐动态的功能。排毛与排斗一起构成一套深浅沟结合、田面水与表层潜水调控自如的农田灌排调节网，土壤脱盐效果良好（表3-13）。

表3-13　排毛布置形式对脱盐率的影响

排毛布置形式	土层深度（厘米）	泡田前含盐量（%）	泡田后含盐量（%）	脱盐率（%）
	0～10	0.198	0.131	33.8
	10～20	0.190	0.158	16.8
横向布置	20～40	0.230	0.220	4.3
	40～60	0.174	0.185	−6.3
	60～100	0.210	0.238	−13.3
	0～10	0.201	0.119	41.3
	10～20	0.190	0.124	34.7
纵向布置	20～40	0.244	0.174	28.7
	40～60	0.188	0.145	22.9
	60～100	0.176	0.185	−5.1

注：排毛至毛渠的距离为48米，采样点为排毛与毛渠的中间点。

据盐碱地所测定，在排毛与毛渠改纵向后的第一年，耕层土壤脱盐率提高了5.81～7.64个百分点，第二年提高了2.75～3.74个百分点。

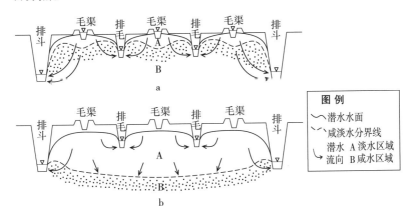

图 3 - 23　深浅结合式加密灌排调节网控制下的水盐动态示意图

a. 泡田洗盐阶段　b. 田间撤水初期

经分析认为，沟渠改向后脱盐效果进一步提高的原因，是由于在排斗之间又增加了多条排毛，在方便排水排盐的同时，强化了对潜水的控制，加速了田面水的入渗与潜水位的回降。另外，在田面水向下渗透淋溶的过程中，毛渠内水位较高的淡水还会对土壤盐分和高矿化度潜水，产生向下及两侧挤压淋溶的作用（图 3 - 23），由此加快了土壤的整体脱盐，提高了脱盐率，进而促进了潜水表层淡化层的形成。

（三）高标准条田工程

随着盐渍土改良工作的深入以及农业生产的发展，盐碱地所在20 世纪 70 年代初就提出：田间灌排工程的布设，不仅是条田宽窄与沟渠深浅的问题；田间灌排工程的作用也不应仅停留在引淡排咸与为作物供水上。田间工程应该以加速土壤脱盐、稳定提升土壤肥力、防止土壤次生盐渍化、促进农业增产增收、减轻农事劳动强度、减少农事作业量、改善农事作业条件、改善农田生态环境等为综合目标，在统筹规划沟、渠、田、林、路的基础上，开展高标准条田建设，并以高标准条田为基本单元，将农田灌排调节网升级为农田生态调节网。

1. 基本功能和基本条件　在上述理念的指导下，盐碱地所又提出了一系列高标准条田必备的基本功能与应达到的基本条件：

（1）在排水方面。条田工程应能满足水稻不同生育阶段对排出地表水与降低潜水位的要求。其中：在除涝上，要达到十年一遇的一日暴雨三日排出的除涝标准；在泡田洗盐期间，应能将耕层土壤盐分降至 0.15%～0.20% 以下，经过 3～5 年的种稻周期，耕层土壤盐分应稳定降至 0.10% 左右；在日常排换水时，要达到及时排净田面水，同时可按要求控制潜水位，要在潜水的表层建立厚度为 1.5 米左右的淡化层；在秋季田间撤水后，应能使潜水位降至 50～80 厘米以下，使耕层土壤含水率降至 23%～30%，以满足机收和机耕的要求。

（2）在灌水方面。条田工程首先要满足用水最集中、灌水率最高的时期——泡田洗盐期间的田间需水；其次要达到输水、配水和灌水过程的畅通无阻与灵活高效的标准，以满足水稻生长期间的压盐洗盐需水与水稻的生理生态需水。

（3）在土地平整方面。条田工程应能满足一个（或多个）灌溉地段范围内土地平整的土方量最低，以及条田（或格田）内平整土方的运距最短的双重要求，使旱整地可以达到粗平的标准，水整地达到"寸水不露泥"的标准，避免因田面高低不平而产生的积盐窝盐现象。

（4）在培肥地力方面。条田工程应在保证土壤稳定脱盐的条件下，配合翻耕与增施有机肥等农艺措施，促进土壤中钙质活化，增加团粒结构，促进土壤水、气、热协调，改善盐渍化土壤的咸、黏、瘦、生、凉等原始属性，提高耕层土壤的熟化程度。

（5）在机械化生产方面。条田工程应能满足主要大型农业机械作业，对农田规格以及田间土壤含水量的要求，满足提高作业效率、降低油耗的要求，满足农机进出田间对交通道路的要求。

（6）在农田防护林网建设方面。条田工程应能满足田间主、辅林带布设及农田防护林网建设的要求，以实现降低风速，增加空气湿度，减少地表蒸发，延缓返盐的目标。

（7）在工程管理方面。 条田工程应能满足方便工程管理、养护与维修，保持工程处于良好的运行状态，最大限度地发挥工程效益并延长工程寿命的要求。

从 20 世纪 80 年代初开始，盐碱地所依据多项田间试验成果与生产调研结果，针对辽河下游滨海盐渍土区的具体条件，提出了水田连作与水旱轮作条件下的高标准条田工程布置形式（图 3-24）与相应的田间工程规格指标（表 3-14），并随之进行了大力宣传与推广。

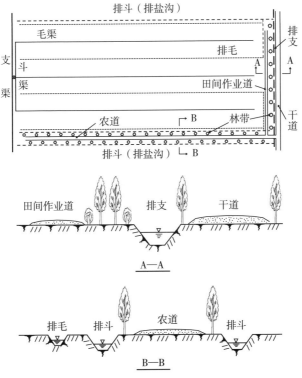

图 3-24　高标准条田工程示意图

表 3-14 高标准条田排水沟布设参考

适用条件	盐渍程度	排支		排斗（排盐沟）		排毛	
		沟深（米）	沟距（千米）	沟深（米）	沟距（米）	沟深（米）	沟距（米）
水田连作	重度	1.5～1.6	1.0～1.2	1.2～1.3	200～240	0.6～0.7	25～30
	中度	1.5～1.6	1.0～1.2	1.2～1.3	200～240	0.6～0.7	30～35
	轻度	1.5～1.6	1.0～1.2	1.2～1.3	200～240	0.6～0.7	40～60
水旱轮作	中度	1.5～1.6	1.0～1.2	1.2～1.3	200～240	0.6～0.7	40～50
	轻度	1.5～1.6	1.0～1.2	1.2～1.3	200～240	0.6～0.7	50～60

2. 优点 经多年的生产实践验证，这种高标准的条田工程具有以下优点。

①纵向布置的灌排相间的毛渠系统与深浅结合的排水系统，可使田格退水快，排水彻底；可增强潜水排除，促进对土壤盐分的淋洗与还原性有害物质的氧化。

②一条斗渠负责三条毛渠，便于分组轮灌和进行水位流量控制，提高灌溉效率。

③根据田面高差，在条田内用临时性田埂构成面积为 1～2 亩的田格。各田格可以自立门户，单灌单排，灌排灵活。

④机械翻耕作业时，可采用双条田套耕的方式，避免形成开闭垄，提高翻地质量。

⑤灌溉地段内设置农道与田间作业道，方便农机进地与农用物质的运输。

⑥灌溉地段可作为独立的经营管理单元，有利于实施标准化管理。

五、暗管排水

（一）暗管排水的效果

通过埋设在田面以下一定深度的可透水管道，以渗透的形式排除地表水与管道上部土壤中水的排水方式称为暗管排水。

　　暗管排水与明沟排水在洗盐原理上有很大的区别。明沟排水主要是将溶解了较多盐分的田面水，以横向流动的方式排出田间，从而达到洗盐排盐的目的；而暗管排水则是使田面水始终保持向下渗透淋溶的方式，淋洗并排除土壤中的盐分（图 3-25）。

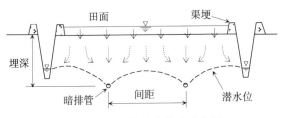

图 3-25　暗管排水排盐示意图

　　盐碱地所暗管排水的试验结果显示：在土壤原始含盐量、土质及其他生产条件、田间管理方式都相同的情况下，经过一个生产周期之后，0～20 厘米土层脱盐率，暗排的为 18.6%，明排的为 17.7%；0～100 厘米土层脱盐率，暗排的为 18.3%，明排的为 11.1%。该试验结果说明：在短期内，对于耕层土壤来说，暗排的脱盐效果稍好于明排，对于 1.0 米土层来说，暗排的脱盐效果明显好于明排。

　　进一步的暗排专项试验结果还表明：在暗管埋深相同的条件下，暗管间距越小，耕层土壤脱盐效果越好；在间距相同的条件下，埋深越深，深层土壤脱盐效果越好（表 3-15）。

表 3-15　暗排管间距与埋深对土壤脱盐率的影响（%）

运行时间	土层（厘米）	埋深同为 0.8 米的间距			间距同为 15 米的埋深			明排
		10 米	15 米	20 米	0.7 米	0.8 米	0.9 米	
1 年	0～20	33.5	16.9	12.8	24.6	22.1	21.7	17.4
	20～100	33.0	18.1	13.0	11.6	17.3	16.9	11.5
3 年	0～20	82.5	77.8	69.6	—	—	—	61.5
	20～100	70.4	71.8	62.3	—	—	—	55.3

盐碱地所的暗管排水试验与应用实践（图 3-26、图 3-27）证明：在新开垦的水田内应用暗管排水，其排盐效果良好，具体表现为脱盐迅速，脱盐率高，脱盐土层深。但对于已经形成致密犁底层的老水田来说，其脱盐效果并不比明排的好。其一是因为老水田的土壤含盐量已经大为降低，暗排的优势无从发挥；其二是因为在老水田内埋管开沟时，打破了犁底层，使田面水可以通过犁底层的破口处，集中向暗管渗漏，不能形成全田整体向下渗透淋溶的水盐动态，所以排盐效果不理想。

图 3-26　埋设圆形排水暗管

图 3-27　埋设拼接式内圆外方形排水暗管

（二）暗管排水系统的建设

暗管排水的管材主要有黏土砖管、水泥瓦管与带孔塑料波纹管等多种。辽河下游滨海盐渍土水田区选用的管材主要是黏土砖管，管型有圆管和拼接式内圆外方管两种。圆管的内径 90 毫米，壁厚 15 毫米，长 330 毫米。拼接式内圆外方管的内径 120 毫米，宽 180 毫米，长 300 毫米。

暗管的包裹过滤材料主要分矿质材料、有机材料和人工合成材料三大类。其中：矿质材料主要有不同粒径级配的沙粒和炉渣等，有机材料主要有稻草、稻壳、芦苇和棕树皮等，人工合成材料主要有纤维布、丙纶丝等。

（三）鼠道排水

鼠道式排水是采用鼠道犁，经动力牵引，在地下形成孔道，实施渗透排水的排水方式。鼠道排水属于一种无管材式暗管排水。

在 16 世纪末，国外就有利用鼠道排水的记载。1963 年，中农业科学院农田灌溉研究所率先在北京清河农场进行鼠道排水试验。1965 年，盐碱地所开始进行鼠道排水试验。

鼠道排水除具有暗管排水的优点外，还具有不需要开挖与填埋，不需要管材与包裹滤料，以及鼠道布设形式灵活、工程造价低廉、施工方便等优点。

鼠道犁有固结管壁式、自动调节坡降式及固定深度式等多种。盐碱地所参照前苏联和日本的鼠道犁结构形式，设计制造出一款固定深度的鼠道犁（图 3-28）。这款鼠道犁由牵引架、悬臂架、刀片、钻孔器及扩孔器等部件组成，扩孔器直径 12 厘米，成孔深度 75 厘米。

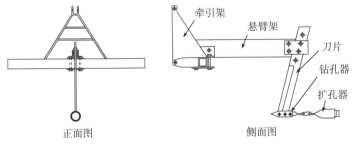

图 3-28　鼠道犁结构示意图

鼠道垂直于排毛布设，间距 5～10 米。施工时，由毛渠一侧钻入，从排毛一侧钻出（图 3-29）。鼠道施工时间以秋季收割后为宜，经过秋翻、春旋、春耙等机耕作业，有利于刀缝闭合，防止由刀缝集中漏水，以及由此引起的洞壁塌落。

图 3-29　鼠道施工

主 要 参 考 文 献

路成宽，杨大卓，高世斌，2007. 大辽河灌溉期潮水位与压潮流量趋势分析 [J]. 东北水利水电（12）：21-22.

任玉民，魏开基，2003. 辽河三角洲滨海稻区暗管排水洗盐效果 [C]. 辽河三角洲滨海盐渍土综合改良与利用. 沈阳：东北大学出版社.

任玉民，吴芝成，2003. 纵向固定条田在种稻改良盐渍土上的应用 [C]. 辽河三角洲滨海盐渍土综合改良与利用. 沈阳：东北大学出版社.

王东阁，2014. 辽河三角洲盐渍土区水土资源利用技术及发展方向 [J]. 北方水稻（4）：1-6.

王尊亲，祝寿泉，俞仁培，等，1993. 中国盐渍土 [M]. 北京：科学出版社.

武汉水利电力学院，1980. 农田水利学 [M]. 北京：水利出版社.

杨大卓，2014. 基于大辽河上游水库来水与压盐流量关系的研究 [J]. 黑龙江水利科技（3）：1-3.

赵正宜，王东阁，1986. 地下水埋深与水稻产量 [J]. 灌溉排水（4）：38-41.

朱庭芸，1998. 水稻灌溉的理论与技术 [M]. 北京：中国水利水电出版社.

朱庭芸，何守成，1985. 滨海盐渍土的改良与利用 [M]. 北京：农业科技出版社.

第四章　灌溉排水改良

一、土壤溶液

（一）土壤溶液的组成

　　土壤是一个复杂的历史自然复合体，由固相、液相和气相三部分组成。土壤固相由各种矿物质、动植物残体、微生物及其他来源的有机无机物质等组成；液相由土壤水及其所含有的各种气体、可溶物质和悬浮性物质组成；气相由大气、生物体呼出气体及有机质分解释放出的各类气体等组成。土壤固相为分散相，液相和气相为分散介质。

　　如前所述，土壤液相并不是纯质的水，而是由大气降水、灌溉水或地下水进入土体，溶解了土壤固相中的可溶性物质后形成的一种悬浮溶解液体。故此，将其称为土壤溶液。土壤溶液中溶于水的主要物质大致有以下几种：①无机盐类：包括氯化物、硫酸盐、碳酸盐、重碳酸盐、硝酸盐及磷酸盐等；②有机化合物类：包括有机酸、腐殖酸、碳水化合物、蛋白质及其衍生物等；③无机胶体：包括铁、铝氧化物等；④络合物类：包括铁、铝有机络合物等；⑤溶解性气体类：包括 O_2、CO_2 和 N_2 等。

　　从植物生长的角度来说，盐渍化土壤的本质特征就是土壤溶液中的无机盐类含量较高。少量的无机盐对植物无害，部分无机盐还可以为植物生长提供必要的养分；而过量的无机盐将给植物生长带来不良影响，甚至会导致植物死亡。

　　土壤溶液是土壤中最活跃的部分。在土壤的形成与演变过程中，土壤中各种物质循环转化的物理化学和生物化学过程，都是在土壤溶液中进行的。植物的生长必须由根系，通过土壤溶液才能吸收到所需的水分与各类营养物质。同样，盐渍土中所含有的过量或有害的盐分，也必须通过根际土壤溶液作用于植物根系后，才能表现出毒害。总之，人类所进行的灌溉、排水、洗盐、施肥与耕耘等一系列农事作业，都是通过直接或间接地改变土壤溶液的物理和化学性状，从而才能使其更好地满足作物生长的需求，进而获得更多的农作物产量。

（二）土壤溶液的变化

1. 影响土壤溶液变化的因素　影响土壤溶液变化的主要因素有环境因素、土壤自身因素和人为因素三大类。各类因素与土壤溶液的交互作用如图 4-1 所示。

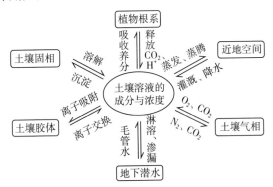

图 4-1　影响土壤溶液变化的因素与过程示意图

（1）环境因素。

①气候。大气降水与蒸发直接影响土壤溶液的浓度；大气温度首先影响土壤的温度，进而影响土壤溶液中各类溶质的溶解度，影响土壤溶液中可溶性盐的浓度和组成（表 4-1）。

②植物。高等植物根系在吸收土壤溶液中的水分与各类营养物质的同时，还可以向土壤溶液中释放 H^+、CO_2 及有机物质。

③潜水。潜水的埋深是潜水直接与土壤溶液发生关系的基本条

件。只要在毛管上升水可以达到的部位，潜水就可以与土壤溶液产生离子扩散等作用，直接影响土壤溶液的成分与浓度。

表4-1　主要盐类在不同温度下的溶解度（克/升）

盐类	0℃	10℃	20℃	30℃
NaCl	263	263	264	265
$MgCl_2$	388	398	410	486
Na_2SO_4	43	83	161	290
$MgSO_4$	180	220	252	280
$CaCl_2$	373	394	427	507
KCl_2	219	238	256	272
Na_2CO_3	65	109	179	284
$NaHCO_3$	65	75	87	100
K_2CO_3	517	522	526	532
$KHCO_3$	184	215	252	285
K_2SO_4	67	85	100	115

（2）土壤因素。

①物质交换。固相与液相之间的物质，通过溶解、解析与沉淀等多种形式进行交换，从而影响土壤溶液的浓度与成分。

②离子交换。土壤溶液与胶体之间的离子交换，土壤溶液中胶体的分散和絮凝等作用，在离子态层面影响土壤溶液。

③气体交换。土壤溶液中所含有的气体与气相物质之间的气体交换。

（3）人为因素。

①灌溉。一方面人为的灌溉可以对土壤溶液的浓度产生稀释作用，另一方面灌溉水中所含有的溶解物质对土壤溶液也会产生影响。

②施肥。施用化肥、有机肥以及作物秸秆还田等对土壤溶液的

影响。

③排水。排水可以改变土壤含水量与土壤水形态，进而间接地对土壤溶液产生影响。

2. 土壤溶液中盐离子的运移 在干燥条件下，盐渍土中所含有的可溶性盐类从土壤溶液中析出，呈分子态存在，成为固相盐，沉淀（结晶）在土壤中。在湿润条件下，固相盐溶于土壤溶液后，水解为离子态，成为液相盐。在盐基过饱和土壤中，过量的盐离子也可以形成化合物，以分子态游离在土壤溶液中。离子态盐类可以吸附于土壤胶体表面，也可以游离于土壤溶液中。

在湿润条件下，土壤中盐分离子的运移主要有 3 种形式，即土壤胶体与土壤溶液界面处的离子交换和吸附运动，土壤溶液中离子的扩散运动和以水为载体的搭乘运动。

交换和吸附运动的强弱与离子的代换能力及离子浓度相关。离子的代换能力越大，离子浓度越高，其交换和吸附运动越强；反之，则越弱。

主要的阳性盐分离子的代换能力大小顺序如下：

$$Ca^{2+} > Mg^{2+} > K^+ > Na^+$$

主要的阴性盐分离子被土壤胶体吸附的顺序如下：

$$HCO_3^- > SO_4^{2-} > Cl^-$$

盐分离子扩散运动的方向是由高浓度区域向低浓度区域扩散。扩散运动的强弱与土壤溶液中盐分浓度梯度呈正相关。浓度梯度越大，离子扩散得越快；反之，则越慢。盐分离子搭乘运动的载体主要包括重力水与毛管水。盐分离子的搭乘运动与水的运动同速同向。

在水田泡田洗盐期间以及水稻生育期内，通过排出地表水所排除的耕层土壤盐分，主要是利用盐分离子扩散的结果；而通过侧渗及深层渗透所排除的土壤盐分，主要是利用离子搭乘运动的结果。

（三）土壤溶液中盐分对植物生长的影响

1. 土壤溶液渗透压的影响 由植物生理学理论可知，植物从土壤中吸收水分的基本条件是根毛细胞的渗透压必须高于土壤溶液的渗透压。正常情况下，植物根毛细胞的渗透压在 200 千帕左右。当土壤溶液的渗透压提高时，根毛细胞的渗透压也会随之提高，一般要比土壤溶液的渗透压高 1 千帕左右。在土壤溶液渗透压变化的一定区间内，根毛细胞的渗透压一般都要维持这个压力优势，以保持对土壤水分的吸收。这一根毛细胞的自我调节机能称为"渗透调节"。但当土壤溶液的渗透压过高，超出细胞的渗透调节能力时，土壤溶液的渗透压可能等于甚至超过根毛细胞的渗透压。此时，植物则不能吸取水分，甚至会将自身的水分"吐"出来，即出现"反渗透"现象。由于根系不能吸水而引起植物的萎蔫甚至死亡，被称为"生理干旱"。当土壤中可溶性盐类的含量较高时，将导致土壤溶液渗透压增大，降低土壤水分的生理有效性，从而导致植物吸水困难，严重时可发生"生理干旱"现象。

研究表明，不同作物的渗透调节能力并不相同，所以表现出的耐盐能力也不同。用 NaCl 调配不同土壤溶液渗透压而进行的作物耐盐试验结果显示（表 4-2），洋葱和黄瓜的耐盐能力最弱，在土壤溶液的渗透压为 125 千帕时，地上生物产量就减少了 50%；而绿豆和甘蓝的耐盐能力较强，在渗透压为 400 千帕时，地上生物产量才减少 50%；而番茄和甜菜的耐盐能力最强，在渗透压为 500 千帕时，地上生物产量基本没有变化。

表 4-2　不同作物对土壤溶液渗透压的反应

作物	土壤溶液渗透压（千帕）	地上生物产量减低率（%）
圆葱	125	50
黄瓜	125	50
绿豆	400	50
甘蓝	400	50
番茄	500	5
甜菜	500	0

　　研究还表明，土壤溶液的渗透压与盐分组成、盐分含量及含水量等密切相关。由表 4-3 可见，在所分析的盐类中，NaCl 的渗透压最高。在土壤溶液浓度为 2.76 克/升时，渗透压就达到了 200 千帕；而从 $MgCl_2$ 至 $MgSO_4$ 等 5 种盐类，渗透压达到 200 千帕时，土壤溶液浓度分别比 NaCl 增加了 14.1%、34.1%、34.8%、80.1% 和 212.0%。另外，NaCl 的渗透压由 100 千帕逐级增至 400 千帕时，土壤溶液浓度的增加幅度分别为 102.9%、103.6% 和 50.9%；而 $MgSO_4$ 的渗透压由 100 千帕逐级增至 400 千帕时，土壤溶液浓度的增加幅度分别为 116.9%、117.2% 和 56.7%，增加的幅度均比 NaCl 的高。

表 4-3　各主要盐类的土壤溶液浓度与渗透压关系（克/升）

主要盐类	100 千帕	200 千帕	300 千帕	400 千帕
NaCl	1.36	2.76	5.62	8.48
$MgCl_2$	1.50	3.15	6.39	9.64
$NaHCO_3$	1.70	3.70	7.64	11.8
$CaCl_2$	1.84	3.72	7.60	11.5
Na_2SO_4	2.46	4.97	10.6	16.5
$MgSO_4$	3.97	8.61	18.7	29.3

　　所以从土壤溶液渗透压的角度来说，不同盐类在含量相同时，对植物的危害程度却大不一样。就表 4-3 中所列的盐类，NaCl 的危害最重，$MgSO_4$ 的危害最轻。

　　2. 盐分离子的毒害影响　在植物生长的过程中，土壤溶液中的各类盐分离子将通过根系进入植株体内，参与植物细胞的生理活动，成为植物营养物质；但如果盐分离子在植株体内过度积累，将对植物产生毒害作用。过量的盐分离子，一方面可以直接阻碍或破坏细胞的正常生理代谢，另一方面可以与其他离子产生拮抗作用，间接影响细胞的代谢，最终导致植物畸形甚至死亡。由于各种盐分离子的特性不同，所以其对植物影响的表现也各不相同

（表 4 - 4）。

表 4 - 4　土壤溶液中主要盐离子对植物的影响

盐离子	适量时的有益作用	超量时的有害影响
Cl^-	维持细胞与细胞液之间的平衡。含量在 $0.04 \sim 0.08$ 克/升时，对植物的生长和发育有促进作用	干扰细胞缓冲性能，破坏正常淀粉水解活动，使叶绿素含量减少，碳水化合物总含量降低，植物不能吸收足够的 Ca、P、Fe、Mn 等营养元素
SO_4^{2-}	是某些氨基酸和维生素的组成部分	限制 Ca^{2+} 的活性，阻碍植物对阳离子的吸收，从而破坏植物体内阳离子的平衡
HCO_3^-	可活化矿质养分	抑制植物对 Ca^{2+} 的吸收，影响新陈代谢
Na^+	维持细胞内外之间的离子平衡	随着其在植物体内的积累，其他阳离子逐渐减少，从而破坏正常的离子平衡关系
Ca^{2+}	构成细胞壁的成分之一。能促进植物幼根生长与根毛的形成，对保持适当的细胞原生质胶体有很大作用	可能在植物体中积累后，形成 $CaSO_4$ 结晶，从而产生毒害作用
Mg^{2+}	叶绿素的重要成分之一。对细胞的代谢有重要作用，能促进葡萄糖和磷酸化合物的形成与分解	可能导致植物组织对 Ca^{2+} 的吸收不足

　　研究表明，对植物可产生确切的毒害作用的盐类有：$MgCl_2$、$NaCl$、Na_2CO_3、$NaHCO_3$、$CaCl_2$、$MgSO_4$ 及 Na_2SO_4 等，而对植物只有轻微的毒害影响，甚至是无害的盐类有：$CaSO_4$、$MgCO_3$、$CaCO_3$、$Mg（HCO_3）_2$ 及 $Ca（HCO_3）_2$ 等。几种有害盐类对常见作物的危害程度大致存在如下的排列顺序：

$$Na_2CO_3 > MgCl_2 > NaHCO_3 > NaCl > CaCl_2 > MgSO_4 > Na_2SO_4$$

　　盐分对植物的毒害作用是一个极其复杂的生理生化过程，不同盐类、不同含量、不同土壤溶液浓度以及不同温度等条件，对于不同作物、不同生育期的毒害影响都大不相同，目前的研究成果还很难对这一问题给出准确的描述。

3. **作物的耐盐性**　作物的耐盐性是盐渍土改良的一项基本依据。在盐渍土改良的过程中，无论是选定先锋作物，还是在确定改良目标以及配套田间管理技术等方面，都需要以作物的耐盐性资料为基础。但是，影响作物耐盐性的因素众多，除作物自身的生理特性外，还包括土壤的含盐量、盐分组成、含水量、土质以及气候条件、栽培技术条件等。所以，对作物的耐盐性进行鉴定是一项复杂而困难的工作；对作物耐盐性的描述也只能是针对某一特定条件，给出一个相对的参考值。

关于作物的耐盐性，有"生物耐盐力"与"农业耐盐力"之别。所谓"生物耐盐力"是指作物生长受到不同程度的抑制直到死亡的相应盐分指标。所谓"农业耐盐力"则是指作物表现为不同减产程度直到死亡的相应盐分指标。农业耐盐力描述的是土壤含盐量与作物产量间的关系，具有一定的生产实用意义。

20 世纪 50 年代中期，辽宁省农业科学院和盘锦稻作研究所（盐碱地所的前身）在辽河下游滨海盐渍土区内，采取多种方法对水稻不同生育期的耐盐能力进行了系统的研究，并提出了以产量为最终目标的相应参考指标（表 4-5）。

表 4-5　水稻各生育阶段的耐盐能力

生育阶段	生育情况	全盐含量（%）	NaCl 含量（%）
苗期—返青期	正常生长	<0.212	<0.088
	受到抑制	0.212~0.265	0.088~0.117
	逐渐死亡	>0.265	>0.117
返青期—分蘖期	正常生长	<0.242	<0.088
	受到抑制	0.242~0.348	0.088~0.208
	逐渐死亡	>0.348	>0.208

（续）

生育阶段	生育情况	全盐含量（%）	NaCl 含量（%）
分蘖期—抽穗期	正常生长	<0.250	<0.117
	受到抑制	0.250～0.400	0.117～0.280
	逐渐死亡	>0.400	>0.280
抽穗期—成熟期	正常生长	<0.280	<0.126
	受到抑制	0.280～0.469	0.126～0.322
	逐渐死亡	>0.469	>0.322

　　同期，辽宁省农业科学院和盘锦稻作研究所又在辽河下游滨海盐渍土区内，测定了多种旱田作物与豆科植物的耐盐能力（表4-6）。所测定作物的耐盐能力顺序如下：

田菁＞向日葵＞高粱＞玉米＞小麦＞草木樨＞大豆

表4-6　多种旱田作物的耐盐能力

作物	生育情况	全盐含量（%）	NaCl 含量（%）
玉米	正常生长	<0.240	<0.201
	受到抑制	0.240～0.485	0.201～0.381
	逐渐死亡	>0.485	>0.381
高粱	正常生长	<0.340	<0.234
	受到抑制	0.340～0.560	0.234～0.425
	逐渐死亡	>0.560	>0.425
小麦	正常生长	<0.231	<0.106
	受到抑制	0.231～0.420	0.106～0.350
	逐渐死亡	>0.420	>0.350
大豆	正常生长	<0.175	<0.029
	受到抑制	0.175～0.599	0.029～0.501
	逐渐死亡	>0.599	>0.501

（续）

作物	生育情况	全盐含量（%）	NaCl含量（%）
向日葵	正常生长	<0.417	<0.308
	受到抑制	0.417～0.758	0.308～0.630
	逐渐死亡	>0.758	>0.630
草木樨	正常生长	<0.198	<0.038
	受到抑制	0.198～0.314	0.038～0.274
	逐渐死亡	>0.314	>0.274
田菁	正常生长	<0.400	<0.370
	受到抑制	0.400～1.038	0.370～0.891
	逐渐死亡	>1.038	>0.891

二、盐渍土的冲洗

（一）冲洗标准与冲洗方式

盐渍土的冲洗就是利用配套的田间工程设施，采取引水、浸泡、溶解、渗透、排水等手段，通过横向排水或纵向渗透排水等途径，以水为载体，排除土体中的盐分，降低土壤含盐量的过程。在有水源条件与水利工程条件的地区，灌水冲洗是改良重盐碱地及开垦盐碱荒地的首要与重要技术措施。需强调的是，在地势低洼、自然潜水位高、排水承泄条件不良等类型的区域，冲洗必须要在具有完善的排水系统条件下才能进行。如果没有排水设施或排水系统运行不良，不仅难以达到洗盐排盐的目的，而且还会使潜水水位大幅度上升，进而推动土壤盐分横向转移到临近地段，导致临近地段的盐渍化程度加重，或者使本区域盐渍化范围进一步扩大等后果。

冲洗脱盐标准包括脱盐土层内的允许含盐量和脱盐层厚度两个指标。脱盐土层内允许含盐量标准的确定，主要取决于盐分组成与作物苗期的耐盐能力两个因素，次要因素还包括土质、气候及耕作技术等。辽河下游滨海盐渍土区的土壤盐分主要以氯化物为主，冲洗脱盐标准一般采用全盐含量小于 0.2% 的指标。脱盐层厚度主要根据作物根系的分布深度而定，除了满足作物正常生长发育的需求外，还要考虑防止土壤次生盐渍化的发生。辽河下游滨海盐渍土区的脱盐层厚度一般采用 30～50 厘米的标准。

根据冲洗水的排出方向，可大体上将冲洗方式分为渗透淋溶冲洗与浅层溶解冲洗两种（图 4-2）。渗透淋溶的冲洗深度主要取决于潜水埋深、冲洗水量等，浅层溶解的影响深度一般仅限于耕层之内。

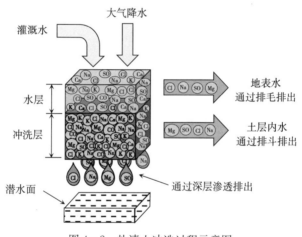

图 4-2　盐渍土冲洗过程示意图

渗透淋溶冲洗就是将淡水引入待冲洗的土地上，并在地表建立起一定深度的淡水层。地表淡水在重力作用下缓慢下渗，在下渗过程中溶解并带走土体中的盐分，实现淋溶冲洗。在冲洗过程中，无需通过地表排水。这种冲洗方式具有脱盐率高、用水量小、冲洗时间短及脱盐效率高等优点。该方法主要用于土壤渗透系数较大并且潜水埋藏较深的区域。其潜水的埋藏深度一般应大于计划脱盐层厚度与毛管上升水的上升高度之和。

对于那些潜水水位较高，土质偏黏，土壤渗透系数很小，不具备渗透排盐条件的盐渍土区域，则必须采用浅层溶解冲洗的方式。这种冲洗方式要在地表长时间建立淡水层，待土壤中的盐分通过离子扩散的形式大量溶解到地表水中之后，打开排水出口，排水排盐。这种冲洗方式具有用水量大、冲洗时间长、脱盐层厚度薄及对排水设施标准要求高等缺点，所以仅在不具备渗透排盐条件的区域采用。

在辽河下游滨海盐渍土区域，由于受潜水水位、土壤质地及排水承泄条件等具体因素的限制，主要是采用浅层溶解的方式冲洗。在少数地势较高的区域，则采用两种方式混合冲洗。

（二）冲洗定额

盐渍土的冲洗定额是指，在单位面积上使土壤含盐量降至作物允许范围内所需的最低用水量。冲洗定额是盐渍土冲洗中最重要的技术指标，其他辅助指标还有冲洗时间、冲洗次数与冲洗速度等。影响这些指标的主要因素有土壤原始含盐量、盐分组成、土壤质地、潜水埋深、潜水矿化度、排水条件、冲洗水质、冲洗技术及水土温度等。

土壤的盐渍化程度是影响冲洗定额的第一因素。土壤的原始含盐量越高，达到冲洗标准所需的冲洗次数越多，所需的冲洗定额也就越高。盐碱地所的观测结果表明：在相同的冲洗条件下，土壤含盐量越高，冲洗时所形成的土壤溶液的浓度越高；这样，被排水带走的盐量就越多，相应的脱盐率也就越高（图4-3）。在分次冲洗

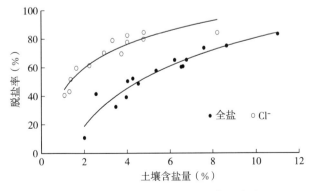

图4-3　土壤含盐量与冲洗脱盐率的关系

时，首次的脱盐率最高，然后依次下降。盐碱地所观测的 0～20 厘米土层全盐量为 0.719% 的土地，进行 4 次冲洗的脱盐情况（图 4-4）就说明了这一点。

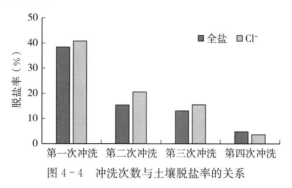

图 4-4　冲洗次数与土壤脱盐率的关系

冲洗定额的确定方法有两种：其一是通过试验结果确定；其二是通过经验公式计算确定。盐碱地所在多年试验的基础上，针对盘锦灌区内盐渍土的实际情况，提出了一组依据土壤含盐量确定冲洗定额的参考值（表 4-7）。

表 4-7　盘锦灌区不同土壤含盐量的冲洗定额

0～20 厘米土层		1 米土层平均含 Cl⁻ 量（%）	洗盐定额（米³/亩）	洗盐次数（次）
全盐量（%）	含 Cl⁻ 量（%）			
<0.4	<0.25	0.1～0.2	100～150	1～2
0.4～0.7	0.30～0.40	0.2～0.3	150～180	2
0.7～1.0	0.50～0.60	0.3～0.5	180～200	2～3
1.0～1.5	0.70～1.00	0.5～0.7	200～230	3～4
1.5～2.0	1.20～1.50	0.7～0.9	230～260	3～4

在缺乏试验资料的情况下，也可以通过经验公式计算确定冲洗定额。我国常用的是前苏联的考斯加可夫公式和列果斯塔耶夫公式。

考斯加可夫公式：

$$M = W_0 (S_1 / S_2) - W_1$$

式中：M——冲洗定额（米^3/亩）；

　　　W_0——田间持水量（米^3/亩）；

　　　W_1——冲洗前土壤含水量（米^3/亩）；

　　　S_1——冲洗前土壤含盐量（％）；

　　　S_0——冲洗后土壤含盐量（％）。

列果斯塔耶夫公式：

$$M=M_1+M_2+N_1+N_2-O$$

式中：M——冲洗定额（米^3/亩）；

　　　M_1——土壤含水量与田间持水量差（米^3/亩）；

　　　M_2——洗盐水量（米^3/亩）；

　　　N_1——冲洗期间田间蒸发量（米^3/亩）；

　　　N_2——冲洗期间深层渗漏量（米^3/亩）；

　　　O——冲洗期间降水量（米^3/亩）。

其中：

$$M_2=\frac{666.7HP(S_1-S_2)}{K}$$

式中：H——计划脱盐层厚度（米）；

　　　P——脱盐层土壤容重（克/米^3）；

　　　S_1——冲洗前土壤含盐量（％）；

　　　S_2——冲洗后土壤含盐量（％）；

　　　K——单位排水量带走的盐量（克/米^3）。

实践证明，无论通过什么方法确定的冲洗定额，都只能是一个参考性的数值，在实施具体的冲洗时，都要根据情况进行调整与随时修正。比如，土壤中 Na^+ 含量高时，土粒分散，导致土体泥泞、透水性差，不利于脱盐。黏质土壤的孔隙过于细小，空隙主要为吸湿水和薄膜水所占据，毛管水和重力水相对偏少，也不利于脱盐。除此之外，潜水水位与矿化度过高，排水条件与冲洗水质不良以及温度过低等也都不利于冲洗脱盐。这些情况都将导致冲洗定额的增加。

（三）冲洗技术

冲洗技术是指在准备对盐渍土进行冲洗以及实施冲洗的过程

中，为尽快达到冲洗标准，实现冲洗目标所采取的一系列技术措施。具体内容包括土地整平与翻耕、田间工程准备及冲洗水量分配等。冲洗的技术措施是否得当，各项技术之间是否衔接配套，直接影响冲洗效果及冲洗后的返盐情况。常用的冲洗技术包括如下几个方面：

（1）整平土地。 将待冲洗的土地整平是保障冲洗质量的关键措施。如果地表不平则灌水后受水不匀，低洼处水量过多，在潜水位低的情况下，可能导致过度渗透；高处则水量不足，浸泡、溶解、冲洗不充分，而且地表最先露出水面开始蒸发，导致集中返盐，形成盐斑。据盐碱地所测定：在同一田格内，被淹没垡块的土壤含盐量（Cl⁻）为 0.36%，而露出水面的垡块土壤含盐量（Cl⁻）可高达 15.61%。所以，在冲洗灌水前，应尽量将待冲洗土地整平；在泡水过程中，如有局部区域地表露出水面，即应实施排水。

（2）酌情翻耙。 对于质地偏粘、透水较差的土壤，在冲洗前进行翻耙松土，可增加土壤透水性，增加水与土的接触面，并打破原状土的地表盐结皮，促进盐分的快速充分溶解，提高冲洗效果。盐碱地所针对辽河下游滨海盐渍土区土质偏黏、适耕期短的特点，提出了秋翻春耙的冲洗耕地模式。实验证明，秋翻的垡块经过冬春的冻融过程，土体疏松，透水性可得到显著改善。在冲洗时，吸水迅速、充分，有利于溶盐脱盐。如果春季翻耕，垡块容易形成表面光滑、土体密实的明条，导致土体吸水困难，这将大大降低冲洗效果。

（3）制定冲洗计划。 根据土壤的盐渍化程度制定冲洗计划。首先应确定冲洗次数。分次冲洗有利于充分溶解土壤盐分，节省冲洗水量，提高冲洗效率和冲洗效果。一般情况下，盐碱越重、冲洗定额越大的，次数应该越多；但冲洗次数应以 3~4 次为最高限值，超过 4 次效果很差。其次应确定分次冲洗水量。首次水量较大，一般都在 150 米³/亩以上。因为在地表建立水层前，先需要一部分水量使浅层土壤达到饱和状态。随后的各次水量较小，一般每次灌 70~135 米³/亩，相当于 10~20 厘米水深。最后确定灌水间隔期。

两次冲洗之间应有一个间隔期，为土体内盐分的重新分配留出时间，为下次冲洗做好准备。间隔期一般从地表水排干或渗干算起，1～2天为宜。

(4) 冲洗季节。冲洗季节的确定应以有利于提高冲洗质量或保障农时为原则。如果冲洗与耕种相结合，即要求当年冲洗当年耕种的，则必须在春季冲洗，冲洗结束后便可耕种。如果当年不耕种，则可选择春洗、伏洗或秋洗。春秋两季冲洗，潜水位低，有利于渗透洗盐；伏季冲洗，可充分利用伏雨，冲洗的水质好，水量有保障。盘锦灌区水田的冲洗，都是与泡田相结合，在春季进行。

三、土壤水盐动态

(一) 自然条件下土壤水盐动态

在自然条件下，由于受太阳辐射、降水、蒸发、气温、土壤含盐量、土壤质地、植被条件、潜水矿化度、潜水埋深及潜水径流等众多因素影响，土壤中水分与盐分的运动存在时间和空间两个维度的规律性变化。习惯上将这种变化称为土壤水盐动态。实践证明，开发利用盐渍土资源，必须掌握土壤水盐运动规律；而掌握土壤水盐运动规律，就必须从研究土壤水盐动态开始。

辽河下游滨海盐渍土区属于半湿润—半干旱气候区，同时区域内地势低洼平坦，潜水以升降运动为主，横向径流缓慢。该地区自然状态下的土壤水盐运动主要受地表蒸发与大气降水所控制，在一年当中随着季节的更迭，演绎着周而复始的周期性变化。

春季气候干燥，一般3～4月的相对湿度仅为35％～40％；而且风速大，全年风速最大的4月平均风速为5.8米/秒；同时植物刚开始进入萌发出苗期，叶片蒸腾量很小，所以春季地表的蒸发量最大。地表水分蒸发掉之后，底层土壤中的水携带着盐分，通过毛管源源不断地向上补充，在水分散失之后盐分就留在了地表。最终结果是土壤返盐强烈，地表积盐严重（图4-5a）。

在夏季，一方面是大气降水逐渐增多，空气湿润，风速减小，植物叶片蒸腾参与地表水汽环流，所以地表蒸发量大为下降。另一方面，大气降水对地表盐分产生淋溶作用；特别是在可产生深层渗漏的大雨（俗称"透雨"）之后，盐分将向深层移动。盐分达到的深度，取决于单次降水量、夏季总降水量、土壤质地及潜水埋深等因素。在整个夏季，土壤中的水分，既有向上的运动，也有向下的运动，但是以向下运动为主，所以浅层土壤处于脱盐阶段（图4-5b）。

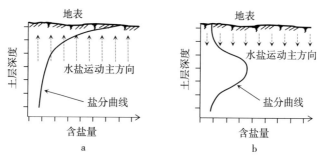

图4-5　自然条件下土壤水盐动态示意图

a. 春季　b. 夏季

在秋季，降水量逐渐减少，相对湿度迅速下降，日照百分率和太阳净辐射量开始上升，地表蒸发量又进入逐渐增加的阶段。但是蒸发量小于春季，返盐也就相对较弱。另外，由于刚刚经历过夏季的脱盐过程，所以即使蒸发量与春季相同，其返盐也没有春季那么强烈。

在冬季，土层逐渐冻结，冻结厚度可达100厘米以上。虽然在土层自上而下结冻的过程中，在温度梯度的作用下，水分存在向冻层移动的现象，但其总量较小，对盐分在土壤剖面上的重新分布影响不大。另外，在冬季土壤冻结期间，在太阳辐射的作用下，地表也有少量水分蒸发（升华），但作用十分微弱，对盐分的影响也很小。

综上所述，在一年当中，自然条件下的盐渍土仅在夏季（雨季）处于脱盐状态，其余各季节都处于返盐状态。其中，冬季的返盐十分微弱，秋季的返盐较强，春季的返盐则最为强烈。但是，由于受多气候因素不同组合的综合影响，不同季节的返盐量与脱盐量并不相同，所以水盐运动的结果也大不一样。如果将初春到翌年初春作为一个分析周期（水盐动态年）。那么在一个周期之内，既可能是返盐量大于脱盐量，土壤处于积盐过程；也可能是脱盐量大于返盐量，土壤处于脱盐过程；还可能是返盐量与脱盐量相近，土壤含盐量处于动态平衡之中。

盐碱地所在重度盐渍化滨海盐土（荒地）区的定位观测结果显示，在连续丰水年（表4-8）的条件下，1米土层的含盐量呈逐年下降趋势（图4-6）。

表4-8 盘锦大洼气象站降水量（毫米）

年份	4月	5月	6月	7月	8月	9月	合计
1973	38.0	32.1	36.6	194.8	226.5	110.9	638.9
1974	78.0	37.4	19.4	77.6	256.9	101.7	601.0
1975	59.5	58.5	61.9	307.1	111.9	189.3	788.2
1976	36.7	54.9	116.2	225.1	117.3	67.5	617.7
1977	29.5	21.2	72.5	225.7	92.9	60.6	502.4

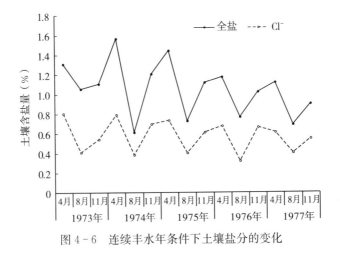

图4-6 连续丰水年条件下土壤盐分的变化

（二）灌排调控下土壤水盐动态

灌溉水的入渗对土壤水盐动态的影响与降水相比有很大的不同。其一，灌水具有人为主动性与计划性，每次灌水都是按照预先制定的冲洗计划或农田灌溉计划实施的；而降水具有随机性和一定程度的不可预见性。其二，每次灌水的量都是足够的，可以满足洗盐压盐的要求；而每次降水的量则有大有小。大雨无疑具有淋溶洗盐的作用，而小雨可能反而加剧土壤的返盐。

在灌排工程配套的条件下，随着灌溉水的入渗，土壤剖面内的含水量与含盐量都开始发生变化。

首先，在灌溉水覆盖地表后，地表的盐分即开始溶解，一部分通过离子扩散进入地表水层之内；一部分以水为载体向下渗透。在这一过程中，地表盐分开始下降，入渗水携带表土的部分盐分，与下层原有土壤溶液中的盐分累加，形成一个浓度较高的土壤溶液层，即形成盐峰（图4-7a）。

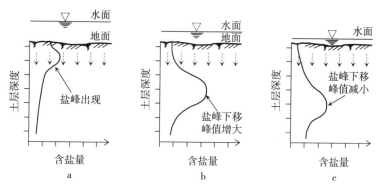

图4-7　灌溉水入渗条件下土壤水盐动态

其次，随着灌溉水的持续入渗，水盐也持续向下运行。在这一过程中，盐峰逐渐向下移动并继续与下层盐分累加，从而使盐峰值逐步增大。盐峰层以上的土层内虽仍有部分盐分遗留，但土壤溶液的浓度已大为降低。当盐分的向下累加量与上层遗留量相当时，盐峰值则不再增加，达到盐峰的极值。盐峰极值所出现的深度，取决于盐分在剖面内的原始分布状况、土质条件及灌溉水入渗速度等（图 4 - 7b）。

最后，虽然水盐继续保持向下移动，但随着灌溉水入渗强度的减弱，以及部分盐分通过排水系统排出等影响，盐峰值逐渐减小，底土层的盐分获得重新分布（图 4 - 7c）。

前述灌溉水入渗的水盐动态过程，是在潜水埋藏较深、土体为均质剖面、入渗水量充足、排水系统运行良好的理想状况下所出现的过程，实际的灌溉冲洗情况要比这复杂得多。

四、水田回归水灌溉

（一）回归水的特性

水田回归水是田间排出水（灌溉水或雨水）及周边区域排水（渠系、田间渗漏水或雨水）汇聚到排水系统（一般指排干和排总）后的水的统称。回归水的产出量与水文气象条件密切相关。在河道水量丰沛或当地降水量大的年份，回归水的产出量较高；反之，则产出量较小。据盐碱地所的测定：一般情况下，回归水的产出量变动在 $150\sim300$ 米^3/亩。

利用回归水灌溉是辽河下游滨海区域这一特定地区内存在的特殊现象。一方面由于这一区域淡水资源不足，在农田灌溉用水上存在缺口，这就使利用回归水灌溉成为必然；另一方面由于区域内众多排灌站的建设，灌水渠系的渠首和排水沟系的出口与同一套机泵相连，这也使利用回归水灌溉成为可能。

水田回归水属于天然水系循环中的重要一环，其特性往往深刻地打着所流经土壤的烙印。据盐碱地所的调查分析，辽河下游滨海盐渍土水田区的回归水主要具有如下特征：

①盐分含量高。回归水在从田间排出或经田间渗出后，溶解了田间土壤的盐分，所以其盐分含量高、矿化度高（表 4 - 9、表 4 - 10）。由于不同区域土壤的含盐量与盐分组成不同，所以回归水中的盐分

与同期的河水相比增高的幅度也不同。就表中的数据分析，增高幅度最大的是 CO_3^{2-}、Cl^- 和 HCO_3^-，分别增加了 $150\%\sim300\%$、$150\%\sim200\%$ 和 $100\%\sim250\%$；增幅居中的是 Na^++K^+ 和 Mg^{2+}，两者增加的幅度均为 $100\%\sim150\%$；增幅最低的是 SO_4^{2-} 和 Ca^{2+}，分别为 $20\%\sim30\%$ 和 $10\%\sim40\%$。另外，回归水的矿化度也大致比河水增加了 $50\%\sim100\%$。

表4-9　大辽河水系回归水盐分含量（毫克/升）

采样点	月份	CO_3^{2-}	HCO_3^-	Cl^-	SO_4^{2-}	Na^++K^+	Ca^{2+}	Mg^{2+}	矿化度
大辽河水（田庄台站）	4	0.7	144.5	120.1	198.7	101.8	75.1	21.2	662
	6	9.8	117.5	58.0	153.4	56.0	51.8	21.3	468
	8	6.0	127.6	42.2	93.1	44.2	47.5	15.2	376
南河沿排总	4	9.7	475.9	238.0	169.5	263.5	65.4	44.1	1 266
	6	23.3	240.7	206.7	153.4	158.8	65.2	45.8	894
	8	5.8	242.6	149.5	49.0	92.6	61.3	27.9	629
大亮沟排总	4	—	616.1	118.7	233.7	267.9	71.8	37.4	1 346
	6	9.4	204.9	193.0	141.0	112.6	81.2	38.6	781
	8	23.8	167.8	116.2	62.6	78.7	61.3	19.8	531
于楼排总	4	12.9	182.4	118.4	204.2	117.9	77.7	24.4	737
	6	25.4	199.6	128.5	167.2	130.4	48.6	37.6	738
	8	32.7	201.0	95.1	137.3	93.4	42.3	35.0	637
大洼排总	4	—	210.3	308.9	196.8	227.4	77.0	56.1	1 077
	6	20.2	261.3	560.7	187.1	472.3	56.9	55.9	1 614
	8	77.5	235.4	582.5	85.0	418.8	51.4	46.8	1 498
西三排总	4	6.0	213.5	296.8	196.8	200.7	77.0	43.6	1 034
	6	16.4	223.1	221.5	65.0	142.3	49.4	33.0	751
	8	60.0	207.4	282.4	147.0	208.5	61.3	52.1	975
平安排总（挡潮闸后）	4	—	210.3	253.6	258.3	17.6	87.2	46.7	874
	6	12.6	229.7	110.8	167.1	100.4	61.0	41.8	723
	8	17.8	161.4	95.4	74.8	67.0	55.2	22.0	494

（续）

采样点	月份	CO_3^{2-}	HCO_3^-	Cl^-	SO_4^{2-}	Na^++K^+	Ca^{2+}	Mg^{2+}	矿化度
二界沟（挡潮闸后）	4	—	262.4	1 680.3	352.8	1 089.9	117.4	65.5	3 569
	6	20.2	185.1	140.0	182.1	72.3	60.1	63.6	723
	8	11.6	213.0	117.2	85.8	106.4	40.9	27.9	603

表 4-10 辽河水系回归水盐分含量（毫克/升）

采样点	月份	CO_3^{2-}	HCO_3^-	Cl^-	SO_4^{2-}	Na^++K^+	Ca^{2+}	Mg^{2+}	矿化度
辽河水（拦河闸后）	4	—	152.5	32.4	61.5	312.9	46.2	12.5	618
	6	3.2	124.2	104.0	122.9	56.3	38.1	14.0	463
	8	8.9	147.4	26.4	47.8	18.9	41.4	22.0	313
新开西排总（双桥）	4	—	355.5	473.1	233.7	309.4	128.3	34.3	1 498
	6	22.8	151.6	242.5	123.0	141.8	63.5	38.6	784
	8	26.8	291.6	196.6	127.5	176.5	73.5	42.6	863
一统河（公路桥）	4	—	183.0	107.9	61.5	56.3	51.3	28.0	488
	6	7.6	170.6	82.1	77.4	79.9	52.0	12.1	482
	8	36.0	134.2	62.8	147.0	96.7	49.0	20.3	546
二夹河（毛家站）	4	—	213.5	574.8	196.8	292.0	77.0	53.0	1 307
	6	9.4	204.6	136.8	185.0	192.6	50.8	46.3	826
	8	23.8	198.0	254.2	66.2	175.4	55.0	26.7	799
沟盘河（杜家）	6	18.8	133.7	234.3	114.0	107.5	41.3	25.0	675
	8	—	142.0	32.0	73.6	33.0	46.0	12.4	339
绕阳河（胜利塘）	4	—	195.2	70.2	12.3	82.5	661.6	18.7	1 040
	6	15.3	233.8	63.4	58.8	72.5	44.1	6.0	494

②含盐量波动较大。回归水的含盐量与河水或渠系内灌溉水的含盐量相比变化较大。一般情况下，河水或渠系内灌溉水的含盐量基本处于稳定状态，而回归水的含盐量则根据不同灌溉条件、产生

时期和水文气象条件，表现为大幅的摆动状态。比如，在泡田洗盐期间所产生回归水的含盐量最高，随后所产生回归水的含盐量则逐渐下降。在田间大灌大排、勤灌勤排的管理阶段，产生的回归水量大，盐分含量低；在浅湿干灌溉管理阶段，产生的回归水量小，盐分含量高。在干旱季节，回归水的含盐量可能较高；而在一场大雨之后，含盐量会迅速降低。

③营养物质丰富。与河水相比，回归水中的有机质（以有机碳表示）和其他营养类物质的含量都较高（表 4 - 11）。其中有机质与 K_2O 两项指标的增加最明显，这可能与田间施用农肥有关。同时，NO_2-N 也有一定程度的增加，这可能主要来源于排水区内村屯的污水排放。

表 4 - 11　回归水中营养物质含量（毫克/升）

水系	采样点	有机碳	NO_2-N	NO_3-N	NH_4-N	PO_4	K_2O
大辽河	田庄台河水	20.78	0.004	2.006	0.16	0.225	3.64
	南河沿排总	25.08	0.007	0.313	0.16	0.135	1.88
	于楼排总	22.20	0.004	0.276	0.16	0.276	—
	大洼排总	71.66	0.100	1.590	4.80	0.135	8.82
	西三排总	5.96	—	—	0.11	0.150	3.04
	二界沟	85.99	0.005	0.715	0.16	0.160	15.2
辽河	闸后河水	19.35	0.005	0.355	0.12	0.180	0.80
	新开西排总	39.41	0.024	0.776	0.12	0.160	0.40
	一统河	40.84	0.003	0.796	0.12	0.175	2.50
	沟盘河	131.85	0.005	0.235	0.11	0.110	1.30
	绕阳河	35.01	—	0.240	0.13	0.155	11.96

④溶解氧含量较高。回归水中溶解氧的测定结果显示（表 4 - 12），辽河水系的河水与回归水的溶解氧指标相近，而大辽河水系的回归水溶解氧指标则明显高于河水。这说明大辽河水受到的废水污染较重，溶解氧含量较低；在经过田间循环后，水体通过自然曝气，从

而使溶解氧得到增加。

表 4-12　回归水中溶解氧含量（毫克/升）

水系	采样点	检测值范围	均值	备注
大辽河	田庄台河水	6.60～12.16	7.61	1973—1975 三年测定值
	南河沿排总	4.30～16.06	11.11	1973—1975 三年测定值
	于楼排总	5.32～10.50	8.50	1973—1975 三年测定值
	大洼排总	3.70～16.40	9.65	1973—1975 三年测定值
	西三排总	5.83～10.73	9.27	1974—1975 二年测定值
	平安排总	3.70～17.40	10.34	1973—1975 三年测定值
辽河	闸后河水	4.00～15.86	9.66	1973—1975 三年测定值
	新开西排总	4.15～10.32	6.97	1973—1975 三年测定值
	沟盘河	6.60～10.12	9.70	1973—1975 三年测定值
	绕阳河	—	10.73	1975 年测定值

⑤水温较高。据测定，田间明排回归水的水温比同期河水高
2.5～3.0℃，渗排水温比河水低 1.5～2.0℃，但在整个排水系统
中，渗排水的比例偏小，所以混合后回归水水温仍比河水高 2.0～
2.3℃。

盐碱地所的研究还表明：田间灌溉水在回归的过程中，所经过
的水土环境复杂，水与周围介质的相互作用方向多变，各种化学反
应同时进行并相互关联，化学反应的方向多数可逆，所以，回归水
的化学变化过程与结果都很复杂。

（二）回归水灌溉的水质标准

由于回归水中含有较高的盐分，所以在作灌溉引用时应严格掌
握水质标准。如盲目超标引用，将导致水稻受害、土壤积盐等后
果。回归水的水质标准主要取决于含盐量与盐分组成两方面。盐分
含量高，对作物生长不利；在相同盐分含量下，盐分组成不同，对
水稻的危害程度也有很大差异。例如同样是 Na^+ 盐，但是在对水

稻的危害上，Na_2CO_3 远大于 $NaCl$，$NaCl$ 远大于 Na_2SO_4。因为 Na_2CO_3 水解后可形成 OH^-，呈碱性；同样，Na^+ 含量较高时，也可产生较大的碱性危害。

根据上述原因，盐碱地所提出，回归水的质量应从盐害和碱害两个方面的指标来衡量。其中：

盐害主要考虑 Cl^-、矿化度和盐化度 3 项指标。其中盐化度用来表示水中 $NaCl$ 和 Na_2SO_4 可能发生的最大危害含量。其取值方法为：当 $Na^+ > Cl^- + SO_4^{2-}$ 时，盐化度取 $Cl^- + SO_4^{2-}$ 值；当 $Na^+ < Cl^- + SO_4^{2-}$ 时，盐化度取 Na^+ 值。

碱害主要考虑剩余碱度和钠吸附比二项指标。其中碱度用来表示水中的 Na_2CO_3 和 $NaHCO_3$ 可能发生的最大危害含量，通常用 CO_3^{2-} 和 HCO_3^- 表示，将两者之和称为总碱度。但是考虑到 Ca^{2+} 和 Mg^{2+} 所产生的中和作用，所以引入了剩余碱度这个概念。其计算公式为：

$$剩余碱度 = (CO_3^{2-} + HCO_3^-) - (Ca^{2+} + Mg^{2+})$$

当剩余碱度为正值时，表示碱害起作用；而当剩余碱度为负值时，则表示盐害起主要作用。

钠吸附比用来表示水中 Na^+ 与 Ca^{2+}、Mg^{2+} 的相互关系，用以判断土壤碱化的程度。其计算公式为：

$$钠吸附比 = \frac{Na^+}{\sqrt{\dfrac{Ca^{2+} + Mg^{2+}}{2}}}$$

以上各公式中的计算单位均为毫克当量/升。

盐碱地所根据多年的试验成果，提出了水田回归水利用的参考标准（表 4-13）。其中：安全浓度是指长期引用该浓度的回归水灌溉，对水稻没有不良影响，而且也不能导致土壤积盐的盐分浓度。加大浓度是指该盐分浓度的回归水将对水稻的生长产生不利影响；并且，如多次或连续引用，将导致土壤积盐，所以该浓度的水只可在淡水供应不足时偶尔或在短期内引用。危险浓度是指该盐分浓度的回归水将对水稻生长产生较严重影响，并且将导致土壤严重积盐，所以该浓度的水只可在淡水供应严重不足、水稻面临干旱死亡的危险时应急引用，而且切忌连续两次按此标准引水。

表 4-13 辽河下游滨海盐渍土稻区回归水灌溉参考标准

水稻生育期	盐分浓度	盐害			碱害	
		Cl^-（克/升）	矿化度（克/升）	盐化度（毫克当量/升）	剩余碱度（毫克当量/升）	钠吸附比
苗期	安全浓度	<0.50	<1.5	<10	<0	<6
	加大浓度	0.50~0.75	1.5~2.0	10~20	<0	6~10
	危险浓度	0.75~1.00	2.0~2.5	20~25	<0.5	10~15
缓苗期	安全浓度	<0.75	<2.0	<20	<0	<6
	加大浓度	0.75~1.00	2.0~2.5	20~25	0.5~1.0	6~10
	危险浓度	1.00~1.70	2.5~3.0	25~30	1.0~1.5	10~15
分蘖期	安全浓度	<1.00	<2.5	<25	<0	<6
	加大浓度	1.00~1.40	2.5~3.0	25~30	1.0~1.5	6~10
	危险浓度	1.40~2.00	3.0~3.5	30~40	1.5~2.5	10~15

根据盐碱地所长期采样观测的结果分析可知：辽河下游滨海区域水田回归水的盐分浓度，大多数情况下都在加大浓度以下；仅在少数排干的个别时间段内，出现过处于危险浓度范围的指标值。以大辽河水系育苗及田间泡插期间的回归水为例：其 Cl^- 浓度一般在 0.1~0.3 克/升，只有西三排总、大洼排总和二界沟超过了 0.5 克/升。其矿化度一般在 1.0 克/升左右，指标最低的青天河仅为 0.5 克/升左右，只有西三排总、大洼排总、二界沟和老边区的营柳河超过了 1.5 克/升。其盐化度值一般在 10 毫克当量/升以下，稍高一些的西三排总和大洼排总为 18~21 毫克当量/升，再高一些的营柳河为 35 毫克当量/升，最高的二界沟为 48 毫克当量/升。在 4 月份，南河沿排总和大亮沟出现过剩余碱度为 1.24~3.43 毫克当量/升的高指标；但到了 5 月，则迅速下降为负值。另外，辽河水系各

排总的水质指标均好于大辽河水系。

（三）回归水灌溉的基本原则

在回归水的利用中必须始终牢记，回归水是一种特殊水质的灌溉水源，仅应在河道（水系）中淡水资源不足时，作为补充水源与淡水混合使用（极少数条件下也可单独使用）。在使用中不仅要遵循既定的引用原则及灌溉制度，而且还应采取相应的技术措施，以保障引用安全。

在生产实践中，将回归水与淡水混合使用是回归水利用的主要形式。习惯上将引用的回归水量与总引水量的比值，称为灌溉回归系数。大辽河水系各排灌站的灌溉回归系数一般为 0.25～0.35；在严重干旱年份，灌溉回归系数可达 0.55。

盐碱地所根据多年的试验与生产实践，提出了回归水引用的五项基本原则：

其一是"最低量引用"原则。在盐渍土区引用含盐量较高的回归水灌溉，本身就不利于土壤的脱盐，也不利于水稻创造高产。利用回归水灌溉只能是在淡水供应量不足，水稻面临干旱减产甚至死亡时，而采取的应急补救措施。所以，应将回归水引用量降至最低。

其二是"明明白白引用"原则。在引用回归水灌溉的过程中，无论所采用的回归系数有多大，也无论水质指标好坏，都必须做到按计划引用，杜绝盲目引用。为此，在水泵开车前及抽水中，应按操作规程检测水质，准确掌握回归水的盐分浓度、盐分组成及其变化情况；同时要将所引用回归水的时间、次数、水量、水质等资料都必须记录在案，为修订回归水引用计划及后续田间技术措施的配套提供依据。

其三是"断续引用"原则。根据用水计划，尽量避免持续引用回归水。对于田间来说，应将两次回归水灌溉，用 1～2 次淡水灌溉隔开；也可调整回归系数，将两次高回归系数水的灌溉，用一次低系数的隔开。这样可减少土壤积盐，并降低盐分对水稻的不利影响。

其四是"前少后多"原则。在整个水稻生长季节中，往往是前期产生回归水的盐分浓度偏高，后期的盐分浓度偏低。同时，水稻本身具有前期耐盐能力较弱，后期耐盐能力较强的特性。所以在制定用水计划时，应尽量将淡水安排在前期使用，回归水安排在后期使用。在后期大量引用回归水期间，如果河道有剩余径流，则应引水入库，为下一年用水做储备。

其五是"确保技术配套"原则。在回归水的使用中，将回归水灌入田间仅仅是第一步，大量的技术保障措施必须及时跟进。试验与实践都已证明，只要技术措施运用得当，即使是引用危险浓度的回归水，也可能创高产；但是，如果技术不完善、不配套，引用加大浓度的回归水，就可能带来水稻减产和土壤积盐等一系列后果。

（四）回归水灌溉的技术要求

为减轻回归水中盐分较高所带来的不利影响，发挥回归水中养分与水温较高的优势，实现利用回归水灌溉的趋利避害，盐碱地所提出了如下的技术要求：

①提高田间工程标准，增强排水能力。要保持排斗或排碱沟的设计深度，控制潜水位，保持田面水的渗透洗盐态势。同时还要保持各级排水的合理衔接与逐级加深，保持排水畅通，不出现壅水现象。对于排水条件不良的区域，应采取划小排水分区、增设排水站等工程措施，提高排水能力。

②整平土地，精细耕耙。首先要平整土地，保证在水层变浅的阶段内，田面水也能均衡向下渗透，避免盐分在田格内向高处转移。其次要采取秋季深翻、春季细耙等措施，提高土壤通透性，提高脱盐效率。

③增施有机肥。有机肥不仅能增加土壤孔隙度，改善耕性与通透性，而且其营养成分齐全，肥效绵长，有利于增强水稻的耐盐能力。更主要的是有机肥含有的有机酸等物质，有助于将 Na_2CO_3 等

危害较重的盐类转化为危害较轻或无害的盐类；有机肥含有的丰富的有机胶体，具有巨大的吸收代换能力和缓冲性能，可缓解盐分的危害。

④单灌单排，及时换水。回归水的盐分浓度原本就偏高，在灌入田间，经进一步溶解耕层土壤盐分后，盐分浓度升高的较快。所以应适当缩短田面水停留时间，及时排旧灌新；同时实行单灌单排，避免盐分累加。排水时，一定要彻底排净田面水后再灌新水，切忌"续老汤"式灌水。在灌排条件较好的条件下，以傍晚排水，次日上午灌水为宜。在雨季，以雨前排水，充分利用有效降水为宜。

⑤适当加深水层，合理灌溉。对于土壤盐渍化程度较重的田格，应适当加深水层，一般以最低水深不低于5厘米为宜。这样可增加田面水体溶解盐分的容量，降低盐分浓度，减轻盐分危害。同时要注意，在非晒田期间，避免在中午前后的时间段内，出现田面"汪泥汪水"或湿润状态。

⑥强化水稻栽培技术管理。其一，应选择耐盐能力强的水稻品种。其二，要培育壮秧，促进插后快返青、早分蘖，提高抗盐性。其三，可配合使用过磷酸钙、胡敏酸铵等酸性肥料，中和土壤碱性。其四，配合中耕，注重夜间放露晒田，避免土壤中还原物质的过渡积累，防止水稻黑根。其五，秋后撤水要晚，保护根系，防止早衰。

在盐渍土地区实施回归水灌溉是一项要求标准高、技术难度大的工作，在实施过程中必须做到小心谨慎与科学合理。如果忽略了这一点，就可能将引用回归水灌溉变为饮鸩止渴，那样必将引起作物减产，土壤积盐，甚至是断送之前的土壤改良成果等严重后果。实验与实践都已证明，只要在引用回归水上做到科学引用、按计划引用，在后续的田间管理技术措施上做到技术合理与配套，引用回归水灌溉不仅可以抗旱保丰收，而且也可以创造高产。

─────── 主 要 参 考 文 献 ───────

黎庆淮，张明烛，石秀兰，1979. 土壤与农作 [M]. 北京：水利电力出版社.

李大杰，郑应顺，王云，1983. 土壤地理学 [M]. 北京：高等教育出版社.

任玉民，韩鸿儒，2003. 辽河下游滨海盐渍土的盐分动态研究 [C] //辽河三角洲滨海盐渍土综合改良与利用. 沈阳：东北大学出版社：48 - 63.

任玉民，赵岩，魏晓敏，2003. 辽东湾岸段滨海盐渍土的盐分积累与迁移 [C] //辽河三角洲滨海盐渍土综合改良与利用. 沈阳：东北大学出版社：37 - 47.

王遵亲，祝寿泉，俞仁培，等，1993. 中国盐渍土 [M]. 北京：科学出版社.

尤文瑞，1993. 滨海盐渍土的水盐动态及调控 [J]. 土壤通报（24）：23 - 30.

中国农业科学院农田灌溉研究所等，1977. 黄淮海平原盐碱地改良 [M]. 北京：农业出版社.

朱庭芸，1998. 水稻灌溉的理论与技术 [M]. 北京：中国水利水电出版社.

朱庭芸，何守成，1985. 滨海盐渍土的改良与利用 [M]. 北京：农业科技出版社.

第五章　种稻改良

一、水稻的耐盐碱性能

（一）水稻的耐盐性能

20 世纪 50 年代中期，辽宁省农业科学院和盘锦稻作研究所（盐碱地所的前身）在辽河下游滨海盐渍土区内，对水稻的耐盐能力就进行过研究。60 年代中期，盐碱地所又针对盐分对水稻各生育期的危害开展了系统的小区试验（图 5-1）与生产调查。

图 5-1　水稻耐盐试验小区

小区试验与田间调查的综合结果（表 5-1）表明，水稻苗期对盐分极为敏感，耐盐能力最弱。一般在土壤含盐量低于 0.147% 时，未表现出盐害，植株生长正常；当含盐量增至 0.212% 时，则表现为根系发育不良，叶尖枯黄，3~4 叶的叶鞘不能完全抽出，植株矮小，说明生长受到抑制；当含盐量增至 0.265% 时，秧苗根系状况进一步变差，半数叶片枯死，说明生长受到严重抑制；当含盐量增至 0.273％时，整株秧苗枯黄，直至缓慢死亡；当含盐量增至 0.600％以上时，种子萌发受到严重抑制，不能出苗。

表 5-1　水稻各生育期的耐盐能力

生育期	生长情况	盐渍化程度		水稻生育情况		
		全盐量（％）	NaCl（％）	株高（厘米）	叶色	外观描述
苗期	生长正常	0.147	0.088	17.5	绿	生长正常
	略显抑制	0.212	0.098	12.3	黄绿	叶尖枯黄
	严重抑制	0.265	0.117	8.9	黄	半数叶片枯萎
	出现死苗	0.273	0.147	7.0	枯黄	开始大量死苗
返青期	生长正常	0.242	0.088	23.4	绿	1～2 叶片枯黄
	略显抑制	0.257	0.114	23.2	黄绿	半数叶枯、黑根
	出现死苗	0.348	0.208	14.2	枯黄	黑根、枯死
分蘖期	生长正常	0.250	0.117	—	绿	分蘖正常
	略显抑制	0.288	0.147	—	黄绿	分蘖缓慢
	严重抑制	0.303	0.161	—	黄	根不良、分蘖慢
孕穗期	生长正常	0.257	0.117	—	绿	生长正常
抽穗期	生长正常	0.280	0.126	—	绿	正常出穗
	明显抑制	0.469	0.322	—	黄绿	抽穗晚

注：土样深度：苗期与返青期为 0～10 厘米，分蘖期及以后 0～20 厘米。

在移栽返青期，此时秧苗一般在 5 片叶左右，其本身的耐盐能力已有所增强；但由于受移栽植伤的影响，所表现出的耐盐能力依然较弱。具体表现是：一般在土壤含盐量低于 0.242％时，新根很快长出，秧苗可以正常返青，未表现出盐害；当含盐量增至 0.257％时，老根逐渐变黑，新根发育迟缓，多数叶片枯黄，说明生长受到抑制；当含盐量增至 0.348％以上时，根系发黑、腐烂，植株枯萎，逐渐死亡。调查结果还显示，提高秧苗素质对于增强秧苗返青期的耐盐能力具有重要意义。例如，在含盐量为 0.242％田格，素质一般的秧苗有 1～2 片枯黄叶片；但素质好的秧苗则没有枯黄叶，可以迅速返青。

当水稻进入分蘖盛期以后，其耐盐能力已有大幅提升。一般在土壤含盐量低于 0.250％时，都可以正常分蘖，未表现出盐害；当含盐量增至 0.288％以上时，表现出分蘖迟缓，说明生长受到了抑制。

当水稻进入孕穗期以后，一般也开始进入一年当中的雨季，此时的灌溉水质都有明显改善，土壤也进入脱盐效果最好的季节。所以在这一阶段内，水稻都能正常生长，除少数土壤含盐量高、排水条件差的特殊区域外，很少有受盐害的情况发生。

（二）水稻的耐碱性能

在辽河下游滨海盐渍土区内，零星分布着小面积的含有较多 Na_2CO_3 和 $NaHCO_3$ 的土壤，俗称"烧碱土"或"杠碱土"。在这类土区内的水稻常表现出受碱害影响的症状。另外，在长时间引用回归水灌溉或者灌溉回归系数较高的区域，也常有碱害发生。

辽宁省水利科学研究所连续多年进行了水稻耐碱试验。试验结果显示（表 5－2），在水稻移栽前的 5 叶期，在 pH 为 8.9、总碱度为 0.55、钠吸附比为 3.1 的条件下，水稻生长正常。当 pH 升到 9.8、总碱度为 1.98、钠吸附比为 10.6 时，水稻开始死亡。试验结果还显示：随着水稻的生长，其耐碱能力并没有表现出明显的逐步增强的趋势。

盐碱地所为摸清水稻受碱害影响的情况，开展了大范围的生产调查。调查结果显示：碱害的主要表现为新根发育迟缓，老根深褐色、黑色，直至腐烂发臭；地上部先是底部叶片出现褐色斑点，然后逐渐向上部叶片发展，斑点由疏到密。远看叶片显红色，类似缺钾症状，俗称"红苗"。水稻苗期至分蘖初期，常见因碱害而导致植株生长受抑制，甚至出现秧苗死亡的情况；在水稻进入分蘖盛期以后，则碱害现象逐渐减少。雨季的强降雨，具有明显缓解碱害症状（红苗）的作用。对于症状较轻的秧苗，一场透雨过后，秧苗一般都可以自行返青；对于症状中等的秧苗，在充分利用有效降雨的同时，配合排水洗碱、晾田，秧苗也可以自行返青；但对于症状较重的秧苗，则返青困难，而且不稳定。

表 5-2　水稻关键生育期的抗碱能力

生育期	pH	全盐量（%）	$CO_3^{2-}+HCO_3^-$（毫克当量/100 克土）	钠吸附比	生长情况
5 叶期	8.9	0.14	0.55	3.1	生长正常
	9.4	0.19	0.92	4.8	略显抑制
	9.8	0.31	1.98	10.6	出现死苗
返青期	8.2	0.08	0.65	2.5	生长正常
	9.0	0.17	1.00	4.0	严重抑制
	9.6	0.22	1.60	6.5	出现死苗
分蘖期	8.6	0.09	0.66	—	生长正常
	9.1	0.14	1.57	—	严重抑制
	9.6	0.19	1.97	—	出现死苗
抽穗期	8.4	0.08	0.67	—	生长正常
	8.9	0.13	1.07	—	略显抑制

调查结果还显示：水稻进入抽穗期以后，碱害较轻的秧苗，症状一般就可以自行消失，生长逐渐得到恢复，也不会导致明显的减产。对于中等碱害的秧苗，叶片上往往还残留有褐色斑点，幼穗发育受到影响，生育期推迟，一般会导致 5%～10% 的减产。对于碱害较重的秧苗，幼穗发育受到严重影响，空瘪粒增多，有的不能抽穗结实，可导致 10% 以上的减产。

二、移栽前的泡田洗盐

（一）泡田洗盐效果

1. **泡田洗盐方法**　泡田洗盐的目的就是将土壤中的盐分溶解到灌溉水中，然后通过排水排除盐分，以降低土壤含盐量，保证水稻移栽到本田后能正常生长。泡田洗盐是在新开垦盐碱地种稻或在重度盐渍化土壤上种植水稻的重要技术措施。具体做法：首先将淡水灌入经旱整平翻（旋）耕后的田格，淹没全部垡块，并在田面建立起一定深度的水层；然后视土壤含盐量及土壤质地等情况，浸泡3～5天后排出田面水。如果一次泡洗不能达到预期目标，则需要2～3次，甚至4～5次的泡洗，直到耕层土壤含盐量合格为止。

各地的泡田洗盐标准略有不同。盐碱地所通过试验，为盘锦灌区设定的洗盐标准为：耕层土壤全盐量要低于0.2%，氯（Cl⁻）含量要低于0.09%。

泡田洗盐有两种典型的排水排盐方式，分别为明排和渗排。明排就是打开田格排水口，通过排毛、排斗、排支等排水系统，排出田面水的方式排水排盐。渗排就是在整个泡田洗盐过程中，始终关闭田格排水口，田面水完全通过排斗（或称"排碱沟"）渗透排出的方式排水排盐。明排适用于潜水水位高、土质黏、土壤透水性不良的区域；渗排适用于潜水水位低、土壤透水性较好的区域。在辽河下游滨海盐渍土水田区，基本上是采取明排为主，渗排为辅的混合排水排盐方式。

经过长期的生产实践，广大农民群众也积累了丰富的泡田洗盐经验。盘锦灌区的农民把区域内典型的"三次泡洗法"，形象地描述为"头水泡、二水赶、三水洗个脸"。所谓"头水泡"，就是第一次泡洗的重点在"浸泡"上。通过充分地浸泡，溶解耕层土体内的盐分，然后排出。所谓"二水赶"，就是第二次泡洗的重点在"赶走"第一次排水后，残留在垡块间、无法自流排出的积水；所谓"三水洗个脸"，就是将第三次泡洗与水耙地相结合，在将田面抹平后，排出田面水，就像洗脸一样。实践证明，这种"三次泡洗法"对于耕层土壤含盐量在0.3%～0.5%的盐渍土来说，是一种省水高效的泡田洗盐模式。

2. 泡田洗盐效果　　泡田洗盐是在短时间内迅速降低土壤含盐量的最有效的办法。盐碱地所为摸清泡田洗盐效果，优化泡田洗盐技术，实现在达到洗盐标准的基础上节省泡洗水量的目的，开展了一系列的泡田洗盐试验。

在耕层（0～20厘米）土壤含盐量大于0.3％的重度盐渍型水稻土上进行的泡田洗盐试验结果列入表5-3。试验结果说明：无论泡田前含盐量高与低，经过一次泡洗后，表层（0～10厘米）土壤脱盐率基本上都可以达到50％以上。随后脱盐速率逐渐下降，第二次泡洗的脱盐率，可在原脱盐率的基础上增加20.2～24.8个百分点；第三次泡洗，脱盐率仅增加4.8～9.8个百分点。土壤脱盐率还与土层深度密切相关。第一次泡洗，0～10厘米的脱盐率在48.6％～51.6％，10～20厘米的脱盐率在20.2％～26.6％，20～50厘米的脱盐率在−14.7％～6.4％。

表5-3　泡洗次数与土壤脱盐的关系

测点	土层（厘米）	泡田前土壤全盐量（％）	第一次泡洗		第二次泡洗		第三次泡洗	
			排水后土壤全盐量（％）	脱盐率（％）	排水后土壤全盐量（％）	脱盐率（％）	排水后土壤全盐量（％）	脱盐率（％）
A	0～10	0.521	0.252	51.6	0.123	76.4	0.083	84.1
	10～20	0.286	0.210	26.6	0.145	49.3	0.118	58.7
	20～50	0.265	0.304	−14.7	0.274	−3.4	0.245	7.5
B	0～10	0.459	0.236	48.6	0.132	71.2	0.087	81.0
	10～20	0.240	0.189	21.3	0.129	46.3	0.110	54.2
	20～50	0.214	0.237	−10.7	0.211	1.4	0.188	12.1
C	0～10	0.391	0.194	50.4	0.115	70.6	0.096	75.4
	10～20	0.302	0.241	20.2	0.162	46.4	0.137	54.6
	20～50	0.202	0.189	6.4	0.170	15.8	0.156	22.8

注：①本试验的排水方式为以明排为主的混合式；
②第一次灌水量为180米³/亩，第二次80米³/亩，第三次60米³/亩。

通过对表层（0～5厘米）土壤含盐量高达2.168％的滨海盐土泡洗过程的检测可知（图5-2）：经过一次泡洗，0～5厘米土层的脱氯（Cl⁻）率为61.7％，0～10厘米土层的脱氯（Cl⁻）率为

46.4％，0～20 厘米的为 38.7％，脱盐很迅速。而随后几次泡洗的脱氯（Cl⁻）率则依次下降。到第四次泡洗后，0～20 厘米的脱氯（Cl⁻）率比前一次增加 7.3 个百分点，0～10 厘米的脱氯（Cl⁻）率比前一次仅增加 5.3 个百分点，而 0～5 厘米基本上没有变化。

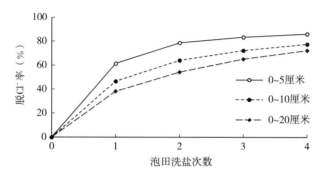

图 5-2　泡洗次数与不同厚度土层脱氯（Cl⁻）率的关系

在针对重度和中度两类盐渍型水稻土进行的泡田洗盐试验中，通过检测 4 次泡洗的田面水含氯（Cl⁻）量变化情况可知（图 5-3）：在第一次泡田期间，田面水的含氯（Cl⁻）量迅速升高；而且土壤含盐量越高，田面水的含氯（Cl⁻）量升得越快，升的值越高。而在随后的 3 次换水前后，田面水含氯（Cl⁻）量的升高速度与升高值都越来越小。

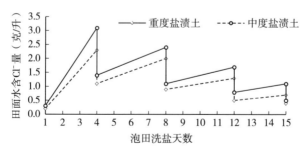

图 5-3　4 次泡洗过程中田面水含氯（Cl⁻）量的变化

不同排水排盐方式的试验结果（表 5-4）显示：渗排的泡田

洗盐效果好于明排。其一表现为渗排的脱盐率高于明排。其二表现为渗排的脱盐层深于明排。这说明，在明排条件下，耕层土壤中的盐分需要通过离子扩散的方式溶入田面水，所以除需要一定的浸泡时间外，还需要较多的水量。而在渗排条件下，土壤盐分离子向重力水中的扩散运动与水对土壤中盐分的物理性冲洗淋溶并存，所以其脱盐效率更高。

　　对不同土质泡田洗盐效果的检测结果（表5-4、表5-5）表明：土质越黏，其脱盐率越低，脱盐层越薄。由表5-4可知：在明排条件下，黏质土的脱盐率低于黏壤质土。黏质土的脱盐层为10厘米，10厘米以下就表现为积盐；而黏壤质土的脱盐层可达到20厘米深度。渗排所表现出的规律与明排相同。由表5-5可知：在相同的泡洗条件下，黏壤质土的脱盐率比黏质土的高9.4个百分点，壤质土的脱盐率比黏壤质土的高5.4个百分点。

表5-4　不同排水排盐方式对土壤脱盐的影响

土质	土层（厘米）	泡田前全盐量（%）		泡洗后全盐量（%）		脱盐率（%）	
		明排	渗排	明排	渗排	明排	渗排
黏质土	0～10	0.394	0.371	0.130	0.111	67.0	70.1
	10～20	0.097	0.089	0.107	0.074	-10.3	16.9
	20～50	0.058	0.066	0.073	0.080	-25.9	-21.2
黏壤质土	0～10	0.335	0.369	0.094	0.076	71.9	79.4
	10～20	0.196	0.204	0.123	0.084	37.2	58.8
	20～50	0.107	0.095	0.117	0.070	-9.3	26.3

表5-5　不同土质对土壤脱盐的影响

土质	土层（厘米）	泡田前全盐量（%）	泡洗后全盐量（%）	脱盐率（%）
黏质土	0～20	0.345	0.204	40.9
黏壤质土	0～20	0.316	0.157	50.3
壤质土	0～20	0.307	0.136	55.7

（二）泡田洗盐技术

泡田洗盐的最终目标是降低（耕层）土壤含盐量，以满足水稻生长的要求。但是，由于受水资源量及农时等多种因素的限制，所以在泡洗过程中还要求尽量节省用水量，缩短泡洗时间，提高泡洗效率。要实现这一综合性目标，则必须要有一系列的技术措施作为保障。盐碱地所根据多年的试验与生产调查，针对盘锦灌区提出了如下4个方面的技术要求：

①做好耕整地准备。首先要平整土地，要达到每个田格内的地面高差不超过5～6厘米的标准。对于高差较大、一时难以整平的田格，应实施分区搭埝、小格泡田的办法。其次要做好秋翻春耙（或春旋）。经过冬春的冻融过程，增加耕层土壤的松碎程度，改善土壤通透性，为盐分得到迅速而充分的溶解创造条件。在春季旱耙或旱旋时，应注意掌握适耕期，尤其应避开土壤含水量过高的时期，以免使黏土块形成"泡不透、（盐分）洗不出"的硬土坷垃。

②做好灌排工程准备。确保工程设施与机电设备处于良好的运行状态是缩短泡洗时间，节约泡洗水量，保证泡洗标准，提高泡洗效率的根本保障。首先要根据情况，疏浚排灌沟渠，清除淤积，保证沟渠的断面尺寸达到设计标准。其次要检查与维护各级涵、闸以及斗门、排水口等设备，以确保其"关则滴水不漏、开则过流通畅"。然后要检查排灌站的供电设施与机、泵、管、带的运行情况，排除故障。

③制定泡洗计划。在泡田之前，应根据土壤含盐量、土质、灌排条件等因素，制定泡洗计划。盐碱地所以耕层土壤含盐量为主要依据，为盘锦灌区制定的泡田洗盐计划如表5-6所示。制定泡洗计划的一般原则是：盐分轻的可一次泡洗，盐分重的应多次泡洗；同等含盐条件下，壤质土的可减少泡洗次数，黏质土的应多次泡洗。泡洗次数最多以不超过3次为宜。在生产中还应注意，泡洗计划不应该是一成不变的。在种稻过程中，应根据土壤含盐量的变化

情况，3～5 年修订一次泡洗计划。

表 5-6　不同土壤含盐量的泡田洗盐计划

耕层土壤全盐量（%）	泡洗时间（天）	泡洗次数与排水方式	泡洗用水量（米³/亩）
<0.25	3～5	一次渗排	120～150
0.25～0.30	3～5	一次混排	150～180
0.30～0.50	6～9	二次混排	180～210
>0.50	9～12	三次混排	210～270

④加强泡洗管理。在泡田洗盐期间要加强田间管理。在灌水期间，要加强各田格的巡视，在田面水层达到计划灌水深度时，及时关闭灌水口，避免造成水量浪费。在泡田期间，要加强对埝埂的巡查，及时截渗堵漏。在排水时，要一次排净田面水，尽量减少水的残留。

三、本田水盐调控

（一）灌溉制度

1. **灌溉制度及确定方法**　盐渍土区水稻的灌溉制度是指在保证洗盐及降低耕层土壤盐分，并满足水稻生长生理生态需水的条件下，水稻全生育期内的灌水次数、每次灌水的日期、灌水定额及灌溉定额。其中：灌水定额是指单位灌溉面积内一次灌水的水量；灌溉定额是指水稻全生育期的灌水定额之和。水稻的灌溉制度一般不包括苗期的灌溉，只针对本田内从泡田洗盐开始，直到水稻全生育期结束这一阶段内的灌溉。

关于泡田期灌水量的确定，已在第四章的"冲洗定额"中说明，这里不再赘述。本田灌溉制度的确定方法一般有以下 3 种：

①根据农民经验确定。在老灌区内，农民的种稻时间长，田间管理经验丰富。一般有经验的农民都可以做到，根据土壤含盐量、土质、水稻品种、不同生育期及当年的气候条件，进行适时适量的

灌水；并且能达到既节省灌溉用水，又能使水稻高产稳产的目标。在这种情况下，就可以以农民的先进经验为主要依据，再结合灌区管理的技术规范，制定出科学合理的灌溉制度。

②根据试验结果确定。在有条件的地区，可以开展专门的水稻灌溉试验，研究确定灌溉制度。先拟定出几种灌溉制度进行田间试验；然后根据不同灌溉制度下，土壤脱盐控盐效果、水稻长势长相及最终产量情况，确定最优的灌溉制度。在应用经试验确定的灌溉制度时，应注意试验条件与应用条件的差异。如果差异较大时，应对灌溉制度进行适当的修正。

③根据水量平衡分析确定。首先根据生产经验或相关试验成果，确定水稻不同生育期内田面适宜水层的上下限、晾田次数与时间、秋季撤水时间等要素。然后根据田面水的消耗（腾发、渗漏、排水）与补充（灌水、降水），列表进行逐时段的水量平衡计算。最后根据计算结果，整理成灌溉制度表。这种方法考虑的因素齐全，参数确定的依据充分，计算过程科学合理，因此最终确定的灌溉制度的针对性与实用性更强。

2. **水量平衡分析**　在水稻生育期中的任何一个时段内，田面水层或土壤水分的变化，取决于该时段内田间水的消耗与补充（图 5－4），它们之间的关系可用下列水量平衡方程表示：

$$H_m = H_c + Y + G - ET - S - P$$

式中：H_m——时段末田面水层深度；

　　　H_c——时段初田面水层深度；

　　　Y——时段内有效雨量；

　　　G——时段内灌水量；

　　　ET——时段内田间腾发量；

　　　S——时段内渗漏量；

　　　P——时段内排水量。

水量平衡公式中的有效雨量（Y）是指稻田可以利用的降水量。一般认为，一次小于 3 毫米的降水，对农田灌溉没有实际意义，故将其视为无效降水。如果一次降水量过大，超出田格的拦蓄

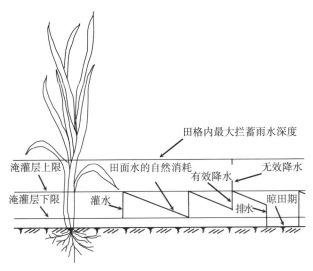

图 5-4 水稻生育期中任一时段内田间水层变化示意图

能力，从田埂上溢出的部分属于无效降水。如果一次降水较大，可能导致田面水层远超过日常灌溉的淹灌层上限。为消除过深淹没所带来的不利影响，需要排出的部分也属于无效降水。

有效降水量需由设计降水量与降水有效利用系数确定。设计降水量需要根据当地降水资料，通过频率分析确定。即用不同降水频率表示典型年份的干旱程度，一般湿润年为 25%，中等年为 50%，中等干旱年为 75%，干旱年为 85%。降水有效利用系数应通过灌溉试验确定。盐碱地所根据区域降水资料与灌溉试验成果，确定的水田降水有效利用系数为 0.6～0.8；在采用浅—湿—干优化灌溉方式时，非水稻需水临界期的降水有效利用系数为 0.7～0.9，在旱季可达 100%。

水量平衡的基本参数确定之后，即可依据公式进行逐日水量平衡计算。计算过程一般采用列表计算法。最后，将计算成果按照生育期，整理成灌溉制度表。盐碱地所针对盘锦灌区中度盐渍土中等年（降水频率为 50%）制定的水稻灌溉制度参见表 5-7。

表 5-7　盘锦灌区中度盐渍土区水稻灌溉制度（参考）

生育期	起止日期（日/月）	灌水		排水		降水		
		次数	定额（米³/亩）	次数	定额（米³/亩）	降水量（毫米）	有效降水量（毫米）	利用率（%）
泡田洗盐期	5～20/5	2	200	2	100	—	—	—
移栽返青期	21/5～10/6	3	90	1	10	15	15	100.0
分蘖初期	11～17/6	1	20	1	10	20	20	100.0
分蘖盛期	18～28/6	2	55	2	20	30	25	83.3
分蘖末期	29/6～9/7	1	30	2	30	60	30	50.0
孕穗期	10/7～1/8	3	100	2	90	150	35	23.3
抽穗开花期	2～10/8	1	40	1	30	30	20	66.7
乳熟期	11～31/8	3	80	1	10	100	60	60.0
黄熟期	1～25/9	3	70	1	10	30	25	83.3
合计		19	685	13	290	435	230	52.9

（二）灌溉技术

1. **中、重度盐渍土稻田的灌溉技术**　经过泡田洗盐后，耕层土壤的含盐量处于 0.20%～0.35% 的稻田属于中、重度盐渍土稻田。一般是由滩涂新垦殖的稻田，或者是虽然经过 3～5 年的种稻改良，但由于灌溉水质不好或排水条件不良等原因，改良效果不佳的稻田都属于这一类。

中、重度盐渍土稻田的灌溉，不仅要考虑水稻的需水特性，更重要的还要满足进一步洗盐压盐的需水要求。在水稻各生育期内田间水层的调控标准，都要以洗盐压盐需水为基础，结合水稻生理生态需水和田间作业需水来确定。

（1）各生育期水层调控要求。 盐碱地所根据试验研究成果与生产调查结果，提出的水稻各生育期水层调控要求如下：

①返青期。本阶段的水层控制目标为，继续巩固泡田洗盐成果，尽可能地为水稻提供充足的水分和优良的土壤溶液条件，减轻

因植伤造成的植株脱水，促进新根下扎。据盐碱地所的调查，当水层较深时，田面水的含盐量上升缓慢；而在水层较浅时，田面水的含盐量会迅速升高（表5-8）。所以在本阶段内，对于中度盐渍土的稻田，水层可控制在5～6厘米；对于重度盐渍土的稻田，水层应控制在6～10厘米。

表5-8　田面水分状况对秧苗的影响

水分状况	土壤 Cl⁻含量（%）	田面水 Cl⁻含量（%）	株高（厘米）	死苗率（%）	半死苗率（%）
田面汪泥汪水	0.155	0.351	18.9	100	—
3厘米水层	0.124	0.395	22.2	84.1	6.8
10厘米水层	0.083	0.245	27.5	11.3	19.3

注：土壤采样深度为0～10厘米。

②分蘖期。在本阶段内掌握水分的适时调控非常重要。如田间长时间淹水，特别是在回归水用量大的条件下，土体内氧化还原电位过低，还原物质过度积累，容易导致水稻黑根；如长时间没有水层，又容易引起返盐。所以一般情况下，以保持5～6厘米水层为宜；期间，排水放露1～2次。同时注意雨前排水，充分利用雨水。在分蘖末期，兼顾控盐与控蘖的双重要求，可进行适度晒田。

③抽穗开花期。本阶段为水稻的生育高峰期，耗水量占全生育期总耗水量的20%～25%，所以应充分满足水稻需水为主。田间水层可保持在7～9厘米。另外，本阶段已进入雨季，降雨逐渐增多，灌溉水量与水质条件都有所改善，所以洗盐压盐、控制返盐的问题已退居为次要位置。

④灌浆成熟期。本阶段水稻需水量逐步下降，同时洗盐压盐水量也已大幅度下降，所以田间水分控制应以浅—湿为宜，即水层控制在0～5厘米。一方面水层不能过深，主要因为本阶段根系逐渐老化，需要保持土壤的通透性，以气养根；另一方面田面也不宜过干，如果过干导致返盐，将加速根系老化，甚至可能引起水稻早衰。另外，秋季撤水也不宜过早，否则也容易引起早衰，导致

减产。

（2）管水类型。根据水稻整个生育期的田间水分调控要求，盐碱地所针对盘锦灌区的具体情况，归纳提出了两种典型的管水类型：

①深水型。对于重度盐渍土的稻田，田间水层调控以洗盐压盐、控制返盐为主要目标，同时兼顾水稻需水。各生育期的水层参考标准为：返青期6～10厘米，分蘖期5～6厘米，分蘖末期适度晾田，抽穗开花期7～9厘米，乳熟期3～5厘米，黄熟期0～3厘米。这种灌溉方法的田间净灌溉定额为650～750米^3/亩。

②浅—深—浅型。对于中度盐渍土的稻田，田间水层调控以洗盐压盐与水稻需水并重为原则。各生育期的水层参考标准为：返青期5～6厘米，分蘖期3～5厘米，分蘖末期适度晾田，抽穗开花期5～6厘米，乳熟期3～5厘米，黄熟期0～3厘米。这种灌溉方法的田间净灌溉定额为550～650米^3/亩。

2. 轻度盐渍土稻田的灌溉技术 滨海盐渍土经多年种稻改良之后，浅层土壤逐渐脱盐，耕层土壤在脱盐过程中逐步得到熟化，肥力逐步提高；同时表层潜水也逐步得到淡化，土壤逐渐演变为轻度盐渍型水稻土。在泡田洗盐之后，耕层土壤含盐量一般都可以降至0.2%以下；潜水淡化层的厚度一般可达1.0～1.5米，矿化度一般在1.5～3.0克/升。

盐碱地所在中度盐渍土稻田实行"浅—深—浅"灌溉技术的基础上，通过进一步的试验，针对轻度盐渍土稻田，提出了"浅湿结合，适时烤田"的灌溉技术。这一灌溉技术的要点如下：

①返青期。田间水层的调控与"浅—深—浅"基本相同。

②分蘖期。实行浅湿间歇灌溉，即一次灌水3～5厘米深，然后待其自然落干，直到表层土壤含水量达到饱和含水量的70%～80%时，再灌下一次水。在一个灌水周期内，田面处于几天有水层，几天无水层的浅湿交替状态。确定下一次灌水的土壤含水量的标准（或者田面无水层时间的长短）应灵活掌握。对于土质偏黏、潜水位偏高的地块，或是在多阴雨、无大风的天气条件下，可以按

土壤含水量偏低的标准掌握，田面无水层的时间稍长一些；否则，田面无水层的时间就应该短一些。盘锦灌区最长的间歇时间为4～6天。

③分蘖末期。根据水稻的分蘖进程，适时排水烤田。由于土壤盐碱导致水稻生长不够健壮，加之为了洗盐压盐田面淹水时间长，所以土壤中的还原类物质容易过度积累，引起水稻黑根。特别是在盐分偏高、土质偏黏、潜水位偏高的区域，水稻黑根现象经常大面积发生。所以在水稻分蘖达到计划指标时应及时排水烤田。这既是控制无效分蘖、促进生理转化的要求，也是改善根际土壤生态条件，防治黑根及预防生育后期根系早衰的要求。

④抽穗开花期。本阶段的田间水层调控也与"浅—深—浅"相同，但对于土质偏黏、潜水位偏高的地块，可安排1～2次晾田。

⑤灌浆成熟期。本阶段继续实行间歇灌溉方式进行水分调控。期间要注重改善土壤的通透性，应尽可能同时满足水稻对水、盐、肥、气、热的需求。在以水保根、防盐伤根的同时，还要以肥促根、以气养根，最终实现防止早衰、活秆成熟的目的。

据盐碱地所的调查与试验，在实行"浅湿结合，适时烤田"灌溉技术的过程中，土壤盐分始终处在可控状态。虽然在短期的无水层期间，田面可能有轻微返盐，但总体上盐分还是以向下运动为主。在烤田5～7天时，表层土壤没有明显返盐迹象；当烤田到10天时，土壤表层的氯（Cl^-）含量可由原来的0.018%～0.036%，增加到0.030%～0.045%，但这仍然在水稻的耐受范围之内。

辽河下游滨海盐渍土的改良实践证明，一般条件下的潮滩盐土或其他类型的盐土、盐化土，在经过5～10年的种稻改良后，都可以演变为轻度盐渍型水稻土。所以在整个区域内，轻度盐渍型水稻土的面积最大，在水稻土中所占的比例最高。但是，对于同属轻度盐渍型水稻土来说，由于各地存在土质、灌溉水量与水质、排水承泄条件、潜水位及耕作方式等各方面的差异，所以综合表现在土壤肥力上，也就存在较大的不同。

为使浅湿灌溉技术更具良好的针对性与适应性，盐碱地所又提出了强度间歇灌溉和轻度间歇灌溉两种模式（图5-5）。其中强度间歇灌溉的特点是控水强度大、间歇时间长，主要适用于灌排条件好、土壤肥力高的区域。但由于田面无水层时间较长，在反硝化作用下会增加氮素挥发，所以在管理上应注意施肥方法，减少氮素损失。轻度间歇灌溉的特点是控水强度稍弱、间歇时间较短，主要适用于灌排条件较差、土壤肥力一般的区域。

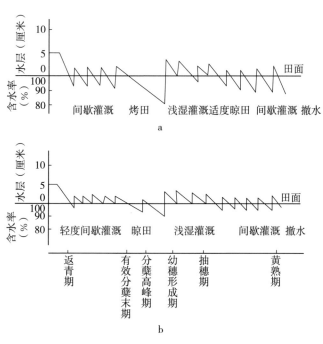

图5-5　浅湿灌溉田间水分变化示意图

a. 强度间歇灌溉　b. 轻度间歇灌溉

　　实际上，任何灌溉制度与灌溉技术模式都是人为设计的、固定的管理措施，然而生产中出现的情况却是千变万化、千差万别的，因此，无论应用那种灌溉技术都应该灵活掌握、适时调整，避免僵化与盲目。各地农民都有看天、看地、看苗管水的经验，这就是生产技术措施灵活性的充分体现。在灌溉管理上，如果能够做到因地制宜、因时制宜、因势利导、趋利避害，就可以实现脱盐、省水、高产、高效的目标。

（三）稻田潜水位的调控

1. 潜水位变化的特点　在盐渍型水稻土区域内，掌握潜水水位的变化规律是促进土壤脱盐、抑制返盐及防止次生盐渍化发生的基本要求。

在开垦之前的自然状态下，由于受地势低洼、地形平坦、海水顶托等综合因素的影响，潜水水位高、径流缓慢。在一年当中的春、夏、秋三季内，潜水主要受大气降水的补给，水位基本上都处在临界深度以上；但是，除少数低洼积水之地以外，潜水位很少接近地表。

在开垦为水田之后，潜水的动态变化主要受人工灌溉与排水情况所控制。潜水的升降可用如下平衡方程式表示：

$$\Delta H = M + N + P - (E + S_1 + S_2)$$

式中：ΔH——潜水位增量值，正值为上升，负值为下降；

　　　　M——灌溉水垂直入渗补给量；

　　　　N——渠道等临近水域侧渗补给量；

　　　　P——大气降水补给量；

　　　　E——潜水蒸发量；

　　　　S_1——排水沟侧向渗出量；

　　　　S_2——潜水垂直渗出量。

在盘锦灌区，冬季的潜水位最低，一般在地表以下 $2.0 \sim 2.5$ 米。在春季进入 4 月以后，受冰雪融水及大气降水的补给，潜水位开始上升。在泡田洗盐阶段，潜水位迅速上升并接近地表；在少数采取堵截排水沟进行泡田的区域，潜水位可上升至地表。在水稻生育过程中的田面淹水时段内，潜水持续处于接近地表的高位；在晾（烤）田时段内，潜水位稍有下降。在秋季田间撤水后，潜水位持续下降；直到进入冬季，降至最低。

盐碱地所根据大洼 6 号、榆树 5 号和新开 2 号等 3 个观测井的观测结果，绘制出的区域典型潜水位变化过程线（图 5-6）。由图可见，在每年春季的 3～4 月潜水位开始升高，而且上升的速度较快；在 5～9 月，潜水位升至接近地表的高位；10 月以后，潜水位开始下降，但下降的速度慢于春季上升的速度。

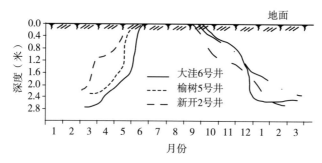

图 5-6　水田地区潜水位年内变化过程

2. 田间潜水位对水稻生长的影响　在黏质盐渍土稻区，土壤的水肥气环境不佳，所以在水稻生育期内，适当调控潜水水位，对水稻的健壮生长意义重大。盐碱地所于 1985—1987 年进行的不同潜水埋深试验结果就充分说明了这一问题。

由返青情况调查数据（表 5-9）可知，潜水位控制得越深，返青情况越好。其中：潜水位控制在 20～30 厘米的与不做任何控制的（即 0 处理）相比，返青期缩短 2～3 天，发根量增加 1 倍，根吸附面积提高了 6.1%；地上部分的各项指标也表现出不同程度的优势。同时，调查结果还显示，田间潜水位在 10～20 厘米的与 0 处理相比，排斗中排出水的矿化度高 0.563 克/升，耕层的氧化还原电位高 43～48 毫伏。

试验结果还表明，在控制潜水位的条件下，增加了土壤的渗漏量，促进了耕层土壤的脱盐，减少了有毒有害物质的积累，所以植株健壮，生长旺盛。由水稻成熟期的生理生化指标调查结果（表 5-10）可见，潜水位控制在 20～30 厘米的与 0 处理的相比，叶绿素提高了 1.29 倍，糖含量提高了 2.36 倍，根呼吸强度增加了 38.2%，叶呼吸强度增加了 10.6%，伤流量增加了 15.8%，根鲜重增加了

15.1%，粗蛋白质增加了 26.4%。

表 5-9　不同潜水埋深处理的水稻返青情况

潜水深度（厘米）	试验条件	根吸附面（米²）	根数（条）	根色	叶宽（厘米）	叶长（厘米）	叶色
0	田间	0.492	9.2	白色	0.70	11.2	绿色
	测坑	0.583	11.4	白色	0.90	10.2	绿色
	观测箱	0.544	—	白色	0.71	9.8	绿色
0～10	测坑	0.613	13.6	白褐色	0.95	11.7	浓绿
	观测箱	0.598	—	白褐色	0.77	10.6	浓绿
10～20	田间	0.537	15.3	白褐色	0.86	12.4	浓绿
	测坑	0.617	17.2	白褐色	1.10	12.1	浓绿
	观测箱	0.609	—	白褐色	0.89	11.2	浓绿
20～30	测坑	0.644	18.4	白褐色	1.15	12.5	浓绿
	观测箱	0.628	—	白褐色	1.10	11.7	浓绿

注：表中为插后 5～7 天调查数据的 3 年平均值。供试品种为辽盐-2。

表 5-10　成熟期测坑试验各处理的生理生化指标

处理	叶绿素（毫克/克）	呼吸强度[毫克 CO_2/（克·小时）]		伤流量（克/小时）	根鲜重（克/穴）	粗蛋白质（%）	糖（%）
		根	叶				
0	0.273	0.170	0.886	0.095	51.7	5.125	0.088
0～10	0.548	0.205	0.985	0.098	52.8	5.998	0.088
10～20	0.514	0.190	0.916	0.102	57.5	6.384	0.128
20～30	0.627	0.235	0.980	0.110	59.5	6.487	0.296

3. 田间潜水位调控的要求与措施　由前述的潜水位变化规律可知：在一般年份，从 3 月中旬开始地表冰雪缓慢融化，土地开始融冻，到 4 月上中旬完全融通。期间，在冰雪融水的补给下潜水位开始升高。在部分地势较低的区域，可升至临界深度以上。因此本

阶段内，为控制潜水位的上升，要求排斗以下的各级排水口全部打开，在泡田灌水前，排水沟内不得有积水。对于淤积较重，沟深远小于设计深度的沟段，应在化冻后及时清淤。

在泡田洗盐阶段，对于土壤渗透性较好的地块，可以降低潜水位，以便增加渗透洗盐效果，提高脱盐率。但对于土质偏黏，渗透性不好的地块，可以允许潜水位升至地表。因为在这种情况下，强行增加渗透洗盐的效果并不理想，而且此时受冻融的影响，埝埂的土体疏松，容易产生侧向渗漏，损失泡田水量，影响洗盐效果。

在水稻的本田生育期内，以全程保持潜水位在地表以下 20～30 厘米为宜，这样有利于土壤脱盐与水稻生长，促进水稻增产。对于排水条件不良的区域，至少也要在烤田、晾田期间，将潜水位降低到 20～30 厘米以下，为耕层土壤生态环境的改善及提升水稻根系质量创造条件。

在秋季田间撤水后，也应敞开所有的排水口，迅速并且是最大限度地降低潜水水位。这一方面是满足机收与机耕对土壤含水量的要求；另一方面是抑制秋季返盐的要求；同时也是，减缓翌年春季潜水位回升速度的要求。

在生产中，常用的潜水位控制措施包括如下 3 个方面：

①排水措施。建立深浅沟结合的排水系统，增强排水系统对潜水位的调控能力。对于盐碱较重，透水性差的灌溉地段，应增加一级排毛。对于沟道淤积、工程损毁、闸站老化、运行状态不良等问题，应及时采取清淤、更换、维修等措施加以解决，以恢复设计排水能力。

②灌溉措施。强化计划用水，使引水与用水密切衔接，做到哪里用、哪里引，什么时候用、什么时候引，用多少、引多少。加强输配水管理，杜绝输配水过程中的"泡、冒、漏"现象。同时，实施科学合理的灌溉制度，降低灌溉定额。加强工程维护，提高工程效率，提高渠系有效利用系数。在停止灌溉期间，泄空渠系内的存水。

③农业措施。做好土地利用规划。将水田、旱田、荒地分开，实施分区治理，互不干扰。将全部水田按土壤盐渍化程度分区，不

同区域可以安排不同的水稻品种，采取不同的灌排管理方式。相同区域内的灌排管理，应尽可能相互协调，步调一致。对于土壤脱盐至轻度盐渍化以下的区域，可酌情转为蔬菜或其他经济作物种植。

（四）本田水盐动态

在水稻的本田生育期内，田面淹水时间长，断水时间短。所以在全生育期内，田间基本上始终保持着向下压盐洗盐的态势，土壤处于脱盐过程。

盐碱地所在轻度盐渍型水稻土上进行的灌溉试验结果（表 5－11）说明，晾田会在表层引起一定程度的返盐，0～20 厘米土层的含盐量增加到 0.179％～0.186％；但复水后可以迅速脱盐，含盐量回降到 0.129％以下，不会对水稻产生危害；在经过后期的灌溉淋洗，到水稻成熟撤水时，含盐量都可降至 0.133％以下，达到常年的含盐量水平。

从总体上来说，无论是采取浅灌或是浅湿灌的方式，都可以保持盐分的年内动态平衡与年际间的动态平衡。

表 5－11　不同灌溉方式对水盐动态的影响

年份	灌溉方式	土层（厘米）	泡田差		晾田差		年内差		年际差	
			泡田前盐分（％）	泡田后盐分（％）	晾田后盐分（％）	复水后盐分（％）	泡田前盐分（％）	撤水后盐分（％）	前年末盐分（％）	本年末盐分（％）
1982	浅灌	0～20	0.122	0.107	0.176	0.121	0.122	0.129	—	—
		20～50	0.137	0.109	0.114	—	0.137	0.131	—	—
		50～100	0.114	0.121	—	—	0.114	0.114	—	—
		平均减少	0.012		0.024		−0.001		—	
	浅湿灌	0～20	0.124	0.115	0.179	0.129	0.124	0.121	—	—
		20～50	0.125	0.112	0.113	—	0.125	0.126	—	—
		50～100	0.120	0.109	—	—	0.120	0.119	—	—
		平均减少	0.011		0.017		0.001		—	

（续）

年份	灌溉方式	土层（厘米）	泡田差		晾田差		年内差		年际差	
			泡田前盐分（%）	泡田后盐分（%）	晾田后盐分（%）	复水后盐分（%）	泡田前盐分（%）	撤水后盐分（%）	前年末盐分（%）	本年末盐分（%）
1984	浅灌	0～20	0.136	0.101	0.164	0.127	0.136	0.133	0.129	0.133
		20～50	0.124	0.114	0.137	—	0.124	0.119	0.131	0.119
		50～100	0.101	0.087	—	—	0.101	0.118	0.114	0.118
		平均减少	0.019		0.024		−0.003		0.002	
	浅湿灌	0～20	0.110	0.102	0.186	0.120	0.110	0.119	0.121	0.119
		20～50	0.121	0.118	0.122	—	0.121	0.099	0.126	0.099
		50～100	0.126	0.136	—	—	0.126	0.091	0.119	0.091
		平均减少	0		0.034		0.016		0.019	

注：表中省略了1983年的试验数据。

四、种稻改良效果

（一）加速了土壤脱盐

农谚云："碱地生效，开沟种稻"。在有淡水资源可以利用的盐渍土区，通过建设功能完备、设施配套的灌排系统，开展水稻种植，将压盐洗盐用水与水稻生育期用水结合在一起，即可进行洗盐改土，又可同时进行水稻生产，是边利用、边改良，寓利用于改良的一举两得的好办法。例如：盘锦灌区在大规模开发水田之初，田间净用水量一般都在 $800～1\,000$ 米³/亩，最高的可接近 $2\,000$ 米³/亩。在如此大量的淡水的引入与排出过程中，在满足水稻的耕作、生理及生态需水的同时，带走了土壤盐分，并使表层潜水得以淡化。

种稻改良滨海盐渍土，从根本上改变了土壤的自然演化进程，极大地加快了土壤的脱盐、熟化及培肥的步伐。而且随着种稻年限的增加，这一进程不断深化；耕层与 1 米土层内土壤的水盐动态呈现由快到慢的脱盐状态，土壤含盐量逐渐稳定于低位。

据盐碱地所的调查资料：大洼区荣兴农场中央屯大队的重度盐渍土，种稻一年后，0～20 厘米土层的全盐量由 2.161% 降至 0.239%，脱盐率为 88.9%；1 米土层的全盐量由 0.547% 降至 0.246%，脱盐率为 55.0%。种稻 3 年后，中度盐渍土 1 米土层的全盐量由 0.496% 降至 0.199%，脱盐率为 59.8%。另外从全大洼区的情况看：0～20 厘米土层全盐量小于 0.10% 的非盐渍土面积，由大规模种稻改良前的几乎没有，到 20 世纪末增加至 70.5 万亩；全盐量介于 0.10%～0.15% 的极轻度盐渍土面积，由 18.8 万亩到现在增加至 89.5 万亩。

从盐碱地所实验农场的改良效果（图 5-7）看，在开始种稻的 3 年间，0～20 厘米土层的全盐量由种稻前的 1.124%，依次降至 0.408%、0.292% 和 0.226%，脱盐率依次为 63.7%，28.4% 和 22.6%。1 米土层的平均全盐量由种稻前的 0.520%，依次降至 0.338%、0.241% 和 0.203%，脱盐率依次为 35.0%，28.7% 和 15.8%。

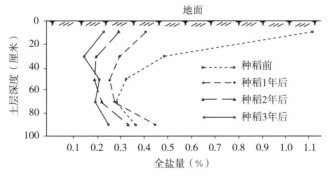

图 5-7 盐碱地所实验农场不同种稻年限土壤盐分的变化

根据盐碱地所长期定位观测资料（表 5-12），种稻 5 年后，0～20 厘米土层的土壤脱盐率可达 64.7% 左右，1 米土层土壤脱盐率可达 57.5% 左右。种稻 15 年与种稻 5 年相比，0～20 厘米的脱盐率为 49.3％左右，1 米土层的脱盐率为 47.4％左右。种稻 35～50 年后，土壤含盐量基本趋于稳定，变化不大。

表 5-12　种稻年限对土壤含盐量的影响

种稻年限 （年）	土层 （厘米）	HCO_3^- （％）	Cl^- （％）	SO_4^{2-} （％）	Ca^{2+} （％）	Mg^{2+} （％）	$Na^+ + K^+$ （％）	全盐量 （％）
0（荒地）	0～20	0.039	0.442	0.016	0.002	0.003	0.285	0.787
	0～100	0.041	0.281	0.014	0.002	0.004	0.194	0.536
5	0～20	0.038	0.104	0.023	0.006	0.003	0.104	0.278
	0～100	0.074	0.059	0.021	0.005	0.005	0.064	0.228
15	0～20	0.045	0.036	0.016	0.004	0.005	0.035	0.141
	0～100	0.034	0.032	0.018	0.003	0.005	0.028	0.120
35	0～20	0.041	0.015	0.016	0.004	0.004	0.030	0.120
	0～100	0.042	0.028	0.013	0.003	0.005	0.024	0.115
50	0～20	0.038	0.031	0.024	0.003	0.004	0.034	0.134
	0～100	0.035	0.026	0.022	0.003	0.005	0.028	0.119

（二）促进了潜水淡化层的形成

在盐渍土区连续种稻的过程中，田间淡水的深层渗透，不仅对土壤盐分具有淋溶作用，而且对原高矿化度潜水也产生了持续的挤压、冲洗与稀释作用。由于田间淡水对潜水的这种整体性和持续性的影响，所以在潜水表层逐渐形成了一个相对稳定的淡化层。这个淡化层的存在对于促进土壤脱盐，抑制次生盐渍化发生具有十分重要的意义。

据盐碱地所的调查（图 5-8、图 5-9）：在排毛深度 0.8 米、排斗深度 1.5 米、条田宽度 30 米、潜水矿化度 25～30 克/升的条件下，经过 6 年的种稻改良，潜水矿化度为 3 克/升的等值线大致在 1.0 米深上下，5 克/升的等值线大致在 1.5 米深上下，10 克/升的等值线基本在 2.0 米以下。

图 5-8　田间潜水取样

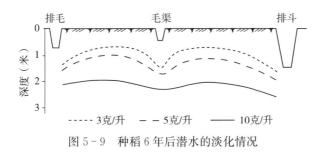

------ 3克/升　-- 5克/升　——— 10克/升

图 5-9　种稻 6 年后潜水的淡化情况

由盐碱地所的长期定位观测结果（表 5-13）可见：种稻 1 年后，田间淡水对潜水矿化度的影响深度仅达 1.0 米，对 1.5 米深以下的区域未见任何影响；种稻 10 年后，影响深度可达 2.0 米，而且部分区域的潜水矿化度降至 3.0 克/升以下，成为微咸水；种稻 20 年以后，2.5 米深度内的潜水矿化度都可降至 3.0 克/升以下。

表 5-13　种稻年限对潜水矿化度的影响（克/升）

采样编号	种稻年限	深度（米）			
		1.0	1.5	2.0	2.5
64-种-2	1	13.536	19.297	19.981	20.236
64-种-3	1	4.287	8.408	8.782	8.947
64-轮-4	10	1.258	1.501	2.967	4.401

（续）

采样编号	种稻年限	深度（米）			
		1.0	1.5	2.0	2.5
64-轮-7	10	3.764	5.946	7.309	9.519
94-1	20	—	1.255	1.449	1.576
94-2	20	—	1.860	1.959	2.081
94-3	20	—	2.276	2.320	2.606
94-4	20	—	1.587	1.502	2.035
94-土-11	40	1.744	1.699	1.715	1.686
94-土-12	40	1.082	1.359	1.310	1.499
94-9	40	0.858	0.979	0.927	0.847
94-10	40	0.770	—	0.668	0.662
94-13	40	1.776	2.172	2.218	2.391
94-14	40	0.920	0.551	0.553	0.827

　　根据盐碱地所在荣兴农场内布设的多点观测资料而整理出的结果（图5-10）可见：经过10年的种稻改良，排水条件较好的东部靠近大辽河的区域，1.0米深度上的潜水矿化度已由20～30克/升，降至3.37～3.50克/升；2.0米深度上的矿化度已降至5.25～10.68克/升。而对于西部排水条件不良的区域，1.0米深度上的潜水矿化度还维持在5.84～21.55克/升；2.0米深度上的矿化度还高达25.66～33.31克/升。对于水田西部的盐碱荒地区域，虽然地表摆脱了海潮的淹没，但地下依然遭受海水的浸渍，1.0米深度上

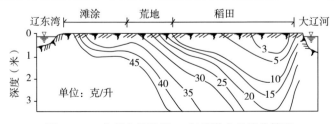

图5-10　荣兴农场种稻10年后潜水的淡化情况

的潜水矿化度普遍在 25.87～45.67 克/升。在滩涂区域内，1.0 米深度上的潜水矿化度普遍高达 52.04～56.39 克/升。

（三）促进了肥沃土层的建立

在水稻连续种植的过程中，由于移栽前的泡田洗盐，水稻整个生育期的淡水压盐，各类农肥的施用及土地的平整翻耙等一系列田间作业，使滨海盐渍土本身的"咸、黏、瘦、生、凉"等不良特性都逐步获得一定程度的改善，土壤肥力不断地向有利于农作物生长的方向发展。

盐碱地所于 20 世纪 80 年代中期对盐渍型水稻土进行的调查结果显示：种稻 25～30 年后，耕层土壤物理性状（表 5 - 14）与开垦之初相比有了明显的改善。其中：普通田的容重在 1.38～1.46 克/厘米^3，孔隙度在 44.9％～47.9％，沉降系数在 0.30～0.82，1～0.01 毫米微团聚体在 25.05％～28.33％。高产田的容重在 1.28～1.40 克/厘米^3，孔隙度在 47.2％～51.7％，沉降系数在 0.46～0.84，1～0.01 毫米微团聚体在 29.30％～35.01％。

表 5 - 14　种稻 25～30 年耕层土壤物理性状

采样点	肥力类型	容重（克/厘米^3）	孔隙度（％）	沉降系数	1～0.01 毫米微团聚体（％）
荣兴农场中央屯大队	高产田	1.38	47.9	0.46	31.02
	普通田	1.40	47.2	0.35	27.99
东风农场河沿大队	高产田	1.36	48.7	0.75	35.01
	普通田	1.39	47.5	0.74	25.05
坝墙子农场东风大队	高产田	1.28	51.7	0.65	29.30
	普通田	1.38	47.9	0.30	26.51
唐家农场唐家大队	高产田	1.30	50.9	0.84	34.00
	普通田	1.44	45.6	0.82	26.03
沟沿公社八家子大队	高产田	1.40	47.2	0.66	30.56
	普通田	1.46	44.9	0.59	28.33

再从土壤养分的情况（表 5-15）看，除钾（K_2O）的含量与开垦之初相比没有大的变化外，氮（N）、磷（P_2O_5）和有机质的含量都有所提高。其中：普通田的全氮（N）在 0.053%～0.093%，速效氮（N）在 43.97～95.05 毫克/千克，属于中等偏低水平；全磷（P_2O_5）在 0.079%～0.112%，有效磷（P_2O_5）在 9.01～15.37 毫克/千克，属于中等至较高水平；全钾（K_2O）在 1.485%～2.590%，速效钾（K_2O）在 64.80～266.20 毫克/千克，属于中等偏下至中等水平；有机质在 0.754%～1.406%，属于中等偏低水平。高产田的全氮（N）在 0.104%～0.122%，速效氮（N）在 100.90～133.07 毫克/千克，属于中等供应水平；全磷（P_2O_5）在 0.069%～0.114%，有效磷（P_2O_5）在 7.64～19.24 毫克/千克，属于中等至较高水平；全钾（K_2O）在 1.395%～2.440%，速效钾（K_2O）在 69.90～245.80 毫克/千克，属于中等偏下至中等水平；有机质在 1.582%～1.764%，属于中等水平。

表 5-15　种稻 25～30 年耕层土壤养分含量

采样点	肥力类型	氮（N）		磷（P_2O_5）		钾（K_2O）		有机质（%）
		全量（%）	速效（毫克/千克）	全量（%）	有效（毫克/千克）	全量（%）	速效（毫克/千克）	
荣兴中央屯	高产田	0.115	100.90	0.108	14.69	1.410	245.80	1.626
	普通田	0.091	83.35	0.093	9.01	1.485	266.20	1.328
东风河沿	高产田	0.113	118.00	0.114	19.24	1.395	108.20	1.582
	普通田	0.077	95.05	0.112	15.37	1.620	99.20	1.029
坝墙子东风	高产田	0.122	129.54	0.105	17.45	2.440	69.90	1.732
	普通田	0.086	71.58	0.083	10.55	2.190	72.90	1.114
唐家唐家	高产田	0.104	133.07	0.069	7.64	2.340	86.70	1.718
	普通田	0.053	56.75	0.079	9.54	2.590	165.20	0.754
沟沿八家子	高产田	0.115	111.14	0.103	10.98	2.190	92.80	1.764
	普通田	0.093	43.97	0.103	11.43	2.190	64.80	1.406

表 5 - 16　种稻 25～30 年耕层土壤含盐量

采样点	全盐 （%）	CO_3^{2-} （%）	HCO_3^- （%）	Cl^- （%）	SO_4^{2-} （%）	Ca^{2+} （%）	Mg^{2+} （%）	$Na^+ + K^+$ （%）	pH
荣兴中央中	0.177	—	0.066	0.019	0.042	0.014	0.009	0.027	7.33
东风河沿	0.197	0.004	0.072	0.028	0.040	0.018	0.006	0.029	7.29
坝墙子东风	0.180	0.010	0.067	0.017	0.018	0.022	0.024	0.022	7.74
唐家唐家	0.216	0.010	0.069	0.016	0.059	0.013	0.002	0.047	7.81
沟沿八家子	0.219	—	0.064	0.039	0.052	0.023	0.007	0.034	8.02

从各调查点盐分情况看，耕层土壤脱盐效果都非常显著。都从开垦之前的各类盐土和盐化土壤，演变为全盐量在 0.25% 以下的轻度盐渍化盐渍型水稻土。

主要参考文献

韩鸿儒，魏开基，吴芝成，2003.滨海盐碱土水稻高产土壤培肥技术的研究［C］//辽河三角洲滨海盐渍土综合改良与利用.沈阳：东北大学出版社.

任玉民，陈伦光，2003.盘锦沿海地区渗透排水洗盐效果的研究［C］//辽河三角洲滨海盐渍土综合改良与利用.沈阳：东北大学出版社.

任玉民，吴芝成，魏晓敏，2003.辽河下游滨海盐渍土在种稻改良中水盐变化规律与调控［C］//辽河三角洲滨海盐渍土综合改良与利用.沈阳：东北大学出版社.

任玉民，吴芝成，魏晓敏，2003.辽河下游滨海盐渍土在种稻改良中地下水淡化层的形成与调控［C］//辽河三角洲滨海盐渍土综合改良与利用.沈阳：东北大学出版社.

王东阁，付立东，李振宇，2017.北方粳稻机插栽培技术原理与应用［M］.哈尔滨：东北林业大学出版社.

王东阁，付立东，展广军，等，2004.水分胁迫对水稻生育的影响［J］.灌溉排水学报，第23卷（3B）：39-42.

王遵亲，祝寿泉，俞仁培，等，1993.中国盐渍土［M］.北京：科学出版社.

赵正宜，王东阁，1986.地下水埋深对水稻生长发育的影响［J］.辽宁农业科学（4）：10-12.

朱庭芸，1998.水稻灌溉的理论与技术［M］.北京：中国水利水电出版社.

朱庭芸，何守成，1985.滨海盐渍土的改良与利用［M］.北京：中国农业科学技术出版社.

第六章　土壤培肥改良

一、种植绿肥改良

(一) 田菁

1. 田菁的生物学特性　　田菁为豆科田菁属一年生草本植物。田菁的适应性很强，具体表现为耐盐、耐涝、耐瘠薄，所以盐渍土地区常将其作为改良土壤的先锋植物。辽河下游滨海区域内的重度盐渍土部分，土壤十分瘠薄，盐分含量高，直接开垦种稻往往效果不理想；如果先种植并翻压田菁 1～2 次（年），利用田菁的培肥改土作用，使土壤得到初步脱盐熟化后，再进行水稻种植，则可收到事半功倍的效果。

　　田菁的耐盐能力非常强，在土壤含盐量为 0.30％ 左右、pH 为 8.0 左右时，仍可正常生长；当含盐量达到 0.40％ 左右、pH 在 8.5 左右时，也可以出苗，但生长较为缓慢，略显出盐分的抑制作用；当含盐量超过 0.50％、pH 超过 9.0 时，才表现出其生长受到明显抑制。田菁的耐盐能力也与生育期密切相关。在苗期时，耐盐能力较弱；随着苗龄的增长，耐盐能力逐渐增强；当进入花期以后，耐盐能力达到峰值。

　　田菁原产于沼泽地区，所以其耐涝能力也很强。在苗期受淹时，只要不淹过植株的顶部，就可以成活并生长。在生育中期之后，如果淹水时间超过 10 天，水中的根茎表面就开始生长出白色多孔的海绵状组织；而且随着淹水时间的延长，海绵组织逐渐加厚壮大。同时，在水中生出的不定根的表面，也同样可生长出海绵组织。这些海绵组织，保证了根系在水中的正常呼吸作用，以适应淹水环境。

田菁的根系发达，根系结瘤多而大，固氮能力强。一般在1.0～2.0叶期，即开始形成根瘤；在3.0叶期以后，根瘤就开始成倍增长。根瘤大多数分布在5～10厘米深的主根周围。据盐碱地所的调查（表6-1），田菁的结瘤量与土壤含盐量密切相关。土壤含盐量高，不仅植株体生长受到抑制，根瘤的生长也受到抑制。当土壤含盐量超过0.5%时，结瘤很少，甚至不结瘤。

表6-1　土壤盐分对田菁根瘤的影响

土壤类型	土壤含盐量（%）		株高（厘米）	根瘤	
	0～10（厘米）	10～20（厘米）		鲜重（克/株）	数量（个/株）
轻度盐渍土	0.184	0.265	250	43.90	198
中度盐渍土	0.252	0.298	200	26.60	94
重度盐渍土	0.309	0.346	151	14.30	34
盐斑	0.562	0.344	102	4.50	21
重度盐斑	0.865	0.482	50	—	无

田菁植株体内含有丰富的氮、磷、钾和多种微量元素，但其养分含量在众多因素的影响下存在很大的差异。一是与生育期相关：一般是苗期植株体的养分含量最高，随后逐渐下降。二是与生长环境相关：土壤肥沃条件下的植株体养分含量高，土壤贫瘠的含量低。三是与植株体部位相关：一般情况下，叶片中氮、磷含量较高，茎秆中钾含量较高。田菁种子中的营养更为丰富，除氮、磷、钾外，还含有粗蛋白质32.9%左右、灰分0.71%左右、脂肪0.94%左右、糖9.76%左右、木质素16.3%左右及少量皂苷。

盐碱地所经过多年试验，选育出两个田菁新品种，分别命名为辽菁1号和辽菁2号（图6-1）。这两个品种适应性强、生物产量高、营养含量丰富。在辽河下游滨海盐渍土区种植，辽菁1号的生育期为120～130天，株高2.0～2.5米，分枝20～30个，株形呈塔形，偏于侧枝结角，单株角果数150～250个，籽粒产量80～120千克/亩，鲜草产量在2 000～2 500千克/亩。辽菁2号的生育期为 105～115 天，株高 1.5～2.0 米，分枝 20～30 个，偏于主枝结角，单株角果数 150～250 个，籽粒产量 80～100 千克/亩，鲜草产量在 1 700～2 250 千克/亩。两品种植株（鲜）的养分含量：氮（N）为 0.52％左右，磷（P₂O₅）为 0.07％左右，钾（K₂O）为 0.15％左右。

$$N \quad P_2O_5 \quad K_2O$$

a　　　　　　　　b

图 6-1　田菁新品种

a. 辽菁 1 号　b. 辽菁 2 号

2. 田菁的种植技术　在种植翻压田菁培肥土壤、促进脱盐的改良盐渍土过程中，要求所种植的田菁要有足够的生物产量和足够的固氮量，这样才能收到良好的培肥改土效果，提高改土效率。

盐碱地所经过多年的试验研究，摸索出了一套田菁高产栽培技术。其主要内容如下：

①适期播种。留种田要在 4 月中下旬播种，以保证种子的成熟度，增加种子产量。翻压田的适播期从 4 月中旬直至 6 月上中旬均可。具体时间可根据农时、劳动力、机械及土壤墒情等条件确定。对于土壤含盐量高的地，为提高出苗率，保证预期效果，可在大雨过后，表层土壤含盐量有所下降时再播种，但最晚不能迟于 7 月上旬。

②提高播种质量。田菁种子粒型小，幼芽顶土能力较弱。所以为保证出苗率，必须严格掌握播种质量。首先是提高整地质量，适时旋耕或耙地，将田面整平、旋松、耙碎。第二是严格掌握播前墒

情。一般情况下，以整地后及时播种为好；在土壤含水量较高时，可在整地后晾二天左右再播种。第三是覆土不宜过厚。壤质土覆土2～3厘米，黏质土覆土1～2厘米。

③合理密植。播种方式可以穴播，也可以条播。播种较早的，以穴播为宜；播种偏晚的，以条播为好。盐分偏重的地，行距为30厘米左右；盐分偏轻的地，行距可放宽至40～50厘米。留种田播种量为1～2千克/亩，翻压田播种量为4～5千克/亩。

④加强田间管理。田菁苗期生长缓慢，与杂草竞争的能力弱，所以应注意除草保苗。田菁的害虫主要有蚜虫和卷叶虫。发现虫害应及时用药。留种田应在株高30厘米左右时，间苗定株，促进植株健壮生长；在8月中旬时打尖整枝（图6-2a），加速花蕾发育，促进种荚成熟。

a   b

图6-2　田菁的田间管理与翻压

a. 打尖整枝　b. 翻压

3. 田菁的翻压技术　田菁的翻压技术是种植绿肥培肥土壤改良盐渍土的重要环节。翻压技术掌握得不好，则难以达到预期的改良效果。在田菁翻压的技术中，最主要的是适宜翻压时间，其他还包括合理的翻压方式和翻压深度等。

田菁的适宜翻压时间具有日期和生育期这两个方面的含义。适宜翻压的日期为8月上旬至9月上旬。因为这一段是全年内温度最高、湿度最大时间。在这个期间翻压，有利于植株体的腐解，缩短腐解时间。

适宜翻压的田菁生育期范围很宽，从初夏的现蕾初期，到深秋的生长停止期，都属于适宜翻压生育期。这是由田菁的生理特性所决定的。田菁为无限花序作物，只要温度、光照、水分适宜，就可以连续现蕾、开花、结荚。在辽河下游滨海区域，田菁的最早现蕾期为 7 月上旬，然后直至出现霜冻时才停止。所以，只要田菁的田间生物产量达到要求，田菁开始现蕾开花，植株体营养含量达到要求时就可以进行翻压。

在田菁的不同生育期翻压，其效果有所不同。田菁现蕾初期时，其植株颜色翠绿，植株体幼嫩。如此时翻压，植株体在当年基本上可以完全腐解，这样对翌年水稻生长的不利影响较小。而在田菁结荚后期，植株体下部的果荚变成褐色，茎秆木质化程度较高时翻压，虽然总体的还田有机质及其他营养物质更多，土壤固氮量更高，但植株体当年腐解的比例低，这样将对翌年的水稻生长有一定的不利影响。所以，如果采取一年种田菁改土，随后就种植水稻的方式，应以夏季翻压为好；如果连续多年种植，除最后一年夏季翻压外，均以秋季翻压为好。

在翻压时，以整株翻压为好（图 6-2b），不必切碎后再翻压。因为整株翻压的漏埋率低于切碎翻压。翻压深度以 12～15 厘米为宜。

4. 田菁的改土培肥效果　田菁是一种抗逆性强、固氮能力强、生物产量高、植株营养丰富的绿肥作物，在盐渍土上作为绿肥种植，可以收到改善土壤物理性状、增加土壤养分、促进土壤脱盐等多重效果。

试验证明，通过翻压田菁，可使土壤水稳性团粒结构的含量明显增加，容重减小，孔隙度增大；进而使土壤结构得到改善，田间持水量也有明显增加。据河北省农林科学院土壤肥料研究所在河北滨海盐土上进行的田菁翻压试验（表 6-2），翻压处理的可大幅度增加土壤中水稳性团聚体的含量。其中 5.0～1.0 毫米的大团聚体可增加 300% 以上，1.0～0.5 毫米的中团聚体可增加 150% 以上，0.5～0.25 毫米的小团聚体可增加 100% 左右；此外，非毛管孔隙可增加 23.9%，容重可减少 10.1%。

表 6-2　翻压田菁对土壤物理性状的影响

| 处理 | 耕层水稳性团聚体（%） | | | | 持水量（毫米） | 非毛管孔隙（%） | 容重（克/厘米³） |
	5.0～1.0 毫米	1.0～0.5 毫米	0.5～0.25 毫米	总量			
翻压	3.12	1.65	4.15	8.92	46.5	10.9	1.33
对照	0.71	0.60	2.29	3.60	43.6	8.8	1.48

　　田菁的根瘤固氮能力强。田菁从空气中固定下来的氮素，除供应本身生长所需之外，其余部分直接留在了土壤中。据测定，在田菁旺盛生长期间，耕层土壤的速效氮比不种田菁的增加 20% 以上。另外，通过田菁的适时翻压，植株体的营养成分也全部回归到土壤中。据盐碱地所的测定（表 6-3），种植并翻压田菁的与对照相比，耕层土壤中有机质增加 20.1%～29.2%，全氮（N）增加 9.5%～21.1%，速效氮（N）增加 22.4%～30.4%，全磷（P_2O_5）增加 7.3%～14.9%，有效磷（P_2O_5）增加 88.8%～44.6%。

表 6-3　种植与翻压田菁对土壤养分的影响

| 采样编号 | 处理 | 有机质 | N | | P_2O_5 | |
			全量（%）	速效（毫克/千克）	全量（%）	有效（毫克/千克）
81-新-1	翻压	1.450	0.080	52.017	0.059	9.010
	对照	1.207	0.072	41.094	0.055	4.776
81-新-2	翻压	1.310	0.079	44.631	0.054	3.756
	对照	1.041	0.068	36.089	0.047	1.989
81-清-1	翻压	1.154	0.071	47.056	0.053	4.720
	对照	0.893	0.061	36.988	0.047	2.526
83-新-1	翻压	1.758	0.104	69.769	0.069	7.043
	对照	1.389	0.095	57.017	0.065	4.869
83-新-2	翻压	1.165	0.092	64.540	0.063	12.455
	对照	0.917	0.076	49.493	0.052	8.267

　　注：采样深度为 0～15 厘米，各点的翻压年限均为一年。

种植并翻压田菁对土壤盐分的影响主要表现在两个方面：其一是在田菁生长过程中，由于大量的水分通过庞大的根系吸收，并经叶片蒸腾到大气中，这样就抑制了潜水水位的抬升和底层盐分的向上运行；同时，繁茂的枝叶增加了地表的覆盖度，减低了地表蒸发，抑制了土壤返盐。其二是通过田菁翻压，增加了土壤有机质含量，改善了土壤理化性状，提高了土壤通透性，加速了土壤脱盐。据盐碱地所的测定（表6-4），翻压田菁的脱盐率可比对照增加9.6～14.2个百分点。

表6-4 翻压田菁对土壤盐分的影响

| 采样编号 | 处理 | 耕层土壤含盐量（%） | | 脱盐率（%） |
		田菁播种前	种稻1年后	
81-新-1	翻压	0.495	0.189	61.8
	对照	0.506	0.257	49.2
81-新-2	翻压	0.432	0.166	61.6
	对照	0.428	0.244	43.0
81-清-1	翻压	0.349	0.152	56.4
	对照	0.336	0.167	50.3
83-新-1	翻压	0.418	0.173	58.6
	对照	0.433	0.221	49.0
83-新-2	翻压	0.425	0.170	60.0
	对照	0.489	0.265	45.8

（二）油菜

1. **油菜的特性与种植技术** 辽河下游滨海区域的水稻插秧期，均在5月中旬至6月上旬。一般年份，从3月中下旬大地逐渐解冻开始到插秧前，还有60～70天的间隔时间。为充分利用这一段时间，抢种一茬早春绿肥作物，培肥改土，提高水稻产量，盐碱地所开展了前茬油菜绿肥试验（图6-3），并获得了成功。

图 6-3 前茬油菜试验地

　　1973 年，盐碱地所从青海门源引进了可顶凌播种的青油 5 号、江川高棵、温缩黄油等 3 个小油菜品种。该油菜品种具有耐低温、耐盐碱、生的早、发的快、鲜草产量高等特点。

　　据盐碱地所观测，门源小油菜在地温 5℃时，种子即可萌动发芽。在发芽过程中，可耐受－1.7℃的低温；在出苗后，可短期耐受－5℃的低温。门源小油菜在土壤含盐量为 0.26％以下时，出苗正常；含盐量在 0.26％～0.33％时，出苗率降低，需加大播种量；含盐量在 0.33％以上时，难以出苗。小油菜在盛花期至初荚期的鲜草产量最高。在含盐量为 0.30％以下的土壤中种植，地上鲜草产量一般为 600～750 千克/亩，最高为 850 千克/亩；地下部分的植株产量一般为 50～70 千克/亩。植株体的营养含量在现蕾期至初花期最高。一般情况下，植株体的全氮（N）含量为 1.379％～3.886％，全磷（P_2O_5）含量为 0.195％～0.329％，全钾（K_2O）含量为 2.666％～5.022％。

　　在辽河下游滨海区域，小油菜一般在 3 月中旬，土壤解冻 2～3 厘米时，即可播种。播种的方法可以撒播，也可以条播。土壤盐分低的，以条播为好；土壤盐分高的，以撒播为宜。条播的行距为 20～30 厘米，幅宽 8～10 厘米。条播的播种量在 1.5 千克/亩左右，撒播的在 2.0 千克/亩左右。保苗率应控制在 300～380 株/米² 为宜。

　　油菜翻压时间的确定，应以"兼顾鲜草产量与植株体营养含量，不误农时"为原则。一般可从 5 月上旬开始，至中旬全部结束。翻压可采取犁翻（图 6-4）与耙压两种方式，整株翻压。埋深为 10～15 厘米为宜。

图 6-4　油菜翻压现场

2. 油菜的改土培肥效果　研究结果表明，种植前茬油菜改良盐渍土的效果主要表现在抑制春季返盐、增加土壤养分、改善土壤物理性状、促进土壤脱盐等多个方面。

辽河下游滨海区域春季的气候特点是风大、空气干燥、地表蒸发量大，所以春季是全年返盐的高峰期。而在早春种植前茬油菜，由于油菜的覆盖，减缓了地表蒸发，抑制了返盐及盐分的表聚。盐碱地所的试验结果（表 6-5）表明，种植前茬油菜的区域，春季全盐返盐率在 10.9%～15.6%，空白区域（对照）的全盐返盐率在 35.6%～41.3%，油菜覆盖的返盐率比空白的低 25 个百分点左右。

表 6-5　种植前茬油菜对春季土壤返盐的影响（%）

处理	采样时间	采样点号	全盐	Cl^-	HCO_3^-
种植区域	油菜播种前	1	0.233	0.092	0.084
		2	0.309	0.145	0.091
		3	0.244	0.075	0.085
	油菜翻压前	1	0.269	0.110	0.087
		2	0.348	0.170	0.085
		3	0.271	0.114	0.051

（续）

处理	采样时间	采样点号	全盐	Cl⁻	HCO₃⁻
空白区域（对照）	油菜播种前	1	0.208	0.085	0.122
		2	0.246	0.098	0.086
		3	0.227	0.096	0.072
	油菜翻压前	1	0.282	0.117	0.073
		2	0.345	0.168	0.097
		3	0.321	0.154	0.084

注：采样深度为 0~15 厘米，空白区域的采样时间与种植区域相同。

由于油菜的翻压，可以增加土壤有机质，促进水稳性团粒结构的形成，改善土壤结构，增加土壤通透性，进而为随后水稻种植过程中的土壤快速脱盐创造条件。盐碱地所的试验结果（表 6-6）表明：翻压油菜处理的，时段内耕层土壤脱盐率为 42.2% ~ 56.3%，空白区脱盐率为 34.4% ~ 37.5%，翻压的脱盐率比空白的高 10~20 个百分点。

表 6-6　翻压前茬油菜对土壤脱盐的影响

处理	采样点号	全盐含量（%）		脱盐率（%）
		早春	水稻收割后	
种植区域	1	0.233	0.113	51.5
	2	0.309	0.135	56.3
	3	0.244	0.141	42.2
空白区域（对照）	1	0.208	0.130	37.5
	2	0.246	0.156	36.6
	3	0.227	0.149	34.4

据盐碱地所的观测，油菜翻压 3~5 天后，花、叶开始腐解；翻压 15~20 天，茎秆开始腐解。翻压后 20 天左右，耗氮（N）量达到高峰；翻压 30~40 天后，养分释放进入高峰。试验结果（表 6-7）

表明，翻压油菜可使土壤有机质含量比对照增加 39.3%，全氮（N）最高增加 22.1%，速效氮（N）最高增加 30.3%，全磷（P_2O_5）最高增加 30.3%，有效磷（P_2O_5）最高增加 100.7%。

表 6-7 翻压前茬油菜对土壤养分的影响

采样日期（日/月）	处理	有机质（%）	N		P_2O_5	
			全量（%）	速效（毫克/千克）	全量（%）	有效（毫克/千克）
23/5	翻前	1.575	0.084	67.095	0.045	3.473
4/6	翻压	2.194	0.116	72.422	0.083	7.646
	空白	1.587	0.095	65.863	0.071	5.500
27/6	翻压	1.987	0.108	60.127	0.087	9.347
	空白	1.496	0.098	77.763	0.068	6.165
5/7	翻压	1.721	0.103	113.424	0.086	10.666
	空白	1.562	0.105	87.029	0.070	5.314
26/7	翻压	1.614	0.102	102.876	0.078	11.195
	空白	1.519	0.093	75.646	0.064	6.111
20/9	翻压	1.665	0.098	85.289	0.078	8.051
	空白	1.628	0.089	60.735	0.062	6.419

注：采样深度 0～15 厘米。翻压与空白区均未施其他有机肥，为水稻施用化肥的品种、时间与数量完全相同。表中数值为 3 个点的平均值。

（三）细绿萍

1. **细绿萍的田间放养与倒萍技术** 细绿萍为满江红科蕨类植物，体内营养成分较高。在稻田套养条件下，萍体含氮（N）量为干重的 3.8%～4.5%，全磷（P_2O_5）为 0.73%～1.10%，全钾（K_2O）含量为 2.56%～3.94%。由于细绿萍的叶腔中共生着具有固氮作用的鱼腥藻，所以细绿萍具有固氮能力。在其生长过程中，可通过密布的悬垂根系向水中分泌氨态氮。据测定，每生长 500 千克细绿萍，可相当于向水中释放 1.0 千克的硫酸铵。

　　在辽河下游滨海区域，由于受冬季萍种储存条件的限制，加之春季温度低，萍种生长缓慢，所以在田间放萍时存在萍种供应不足的问题。为使有限的萍种迅速增殖，满足大面积田间放养的需求，在投放上应以"先少后多，依期定量"为原则。盐碱地所探索出的放萍方式为：如6月中旬首次投放，投放量一般在100千克/亩左右，经过15～17天可生长至满萍；如6月下旬首次投放，投放量在150千克/亩左右，经过11～14天可满萍。进入7月后，气温升高，萍体生长迅速。一般4～5天萍体即可增长1倍。如7月中旬首次投放，投放量在250～300千克/亩，经过5～6天可满萍。

　　在生产中还可以采取"小肥养大肥"与"以磷增氮"等方式，在为水稻施肥的同时，兼顾细绿萍对磷和氮的需求，以促进其生长。在正常的养分、水分与光照条件下，满萍时的鲜萍产量可达1 000～1 500千克/亩。

　　倒萍的时期标准为"满萍即可倒萍"，即萍体覆盖整个田间水面时即开始实施倒萍。倒萍的方法有人工倒萍、生产倒萍、药剂倒萍和自然倒萍等四种。人工倒萍就是先排水，将田面水层降至1～3厘米，然后用水田中耕除草机将萍体翻混至0～5厘米的土层中，倒萍剩余的20%萍体，作为种萍继续生长。生产倒萍就是结合田间的施肥、打药、晾田等常规生产作业，促使大部分萍体死亡，实现倒萍。药剂倒萍就是用五氯酚钠伴成毒土，撒在萍体上，导致萍体死亡。自然倒萍就是在满萍后，继续任由细绿萍生长，萍体挤压重叠后自然死亡；或者利用水稻行间的郁闭条件，导致萍体死亡。无论采取哪种倒萍方式，剩余的萍体均可作为种萍继续繁殖。在田间收割后，可通过秋翻将田面剩余的萍体翻入土中。

　　在水稻生育期内的倒萍次数，取决于首次放萍时间与放萍量。在辽河下游滨海区域的水田内进行套萍改土，一般可倒萍2～3次，最多4次。在水稻孕穗期以后，不宜再进行人工倒萍。

　　2. 细绿萍的改土培肥效果　　由于细绿萍生长迅速，体内营养丰富，并且还具有固氮能力；在倒萍后，萍体腐解速度与有机质矿化速度快，所以细绿萍是一种很好的速效性绿肥。在稻田套养细绿萍条件下，细绿萍可以向水中释放氨态氮，直接为水稻供肥；更重要的是通过多次倒萍，可以增加土壤养分，改善土壤结构，进而促进土壤脱盐，改良盐渍土，提高水稻产量。

盐碱地所进行的稻田套养细绿萍改土试验（图6-5）结果表明，在一个水稻生长季内3次倒萍，可使耕层土壤有机质增加9.0%～9.8%，全氮含量增加14.7%～20.4%（表6-8）。同时，倒萍还可以改善土壤结构，使1.00～0.25毫米的小团聚体，由2.99%增加至5.78%，结构系数由55.0%增加至91.1%。

a　　　　　　　　　　　b

图6-5　稻田套养细绿萍改土试验

a. 试验小区　b. 察看生长情况

表6-8　倒萍对土壤养分的影响

测点	有机质（%）			全氮（N）（%）		
	泡田前	收割后	增加率	泡田前	收割后	增加率
养萍1	1.839	2.007	9.1	0.103	0.128	24.3
养萍2	1.797	1.970	9.6	0.101	0.123	21.8
养萍3	1.686	1.834	8.8	0.097	0.115	18.6
空白	1.719	1.715	−0.2	0.102	0.106	3.9

二、施用有机肥改良

（一）施农家肥的改良效果

农谚有"有粪不怕碱"的说法。施用农家肥对于改良盐渍土具有多重作用：一是农家肥可以改善盐渍土的不良理化性状，加速土壤脱盐，抑制返盐；二是可以为作物提供多种养分，促进作物健壮生长，增强其耐盐能力；三是农家肥分解所产生的有机酸可以中和碱性，降低盐碱危害。

盐碱地所根据当地主要肥源开展的施农家肥改土试验结果显示，施用农家肥在改善土壤物理性状方面（表 6 - 9），可以使土壤容重降低 3.64％～9.15％，使孔隙度增加个 3～6 个百分点。在增加土壤养分方面（表 6 - 10），可以使有机质含量提高41.1％～98.8％，速效氮（N）含量提高 40.0％～58.3％，有效磷（P_2O_5）提高 17.2％～40.9％，速效钾（K_2O）提高 28.6％～50.4％。

表 6 - 9　施农家肥对土壤物理性状的影响

处理	施量（千克/米²）	容重（克/厘米³）		孔隙度（％）	
		0～10 土层（厘米）	10～25 土层（厘米）	0～10 土层（厘米）	10～25 土层（厘米）
牛马粪	5.0	1.29	1.53	52	43
猪粪	5.0	1.31	1.55	51	40
对照	—	1.42	1.65	47	37

注：农家肥作基肥施用，采土样时间为秋季收割后。

表 6 - 10　施农家肥对土壤养分的影响

处理	有机质（％）	N		P_2O_5		K_2O
		全量（％）	速效（毫克/千克）	全量（％）	有效（毫克/千克）	速效（毫克/千克）
马粪	1.59	0.112	86.0	0.095	10.9	130.0
牛粪	1.69	0.106	84.0	0.097	11.2	135.4
猪粪	1.20	0.112	95.0	0.105	13.1	152.1
对照	0.85	0.075	60.0	0.088	9.3	101.1

（二）稻草还田的改良效果

稻草是水田地区主要的农业副产品，资源丰富。稻草的有机质含量高，利用稻草还田可显著改善土壤结构，增强土壤通透性，促进土壤脱盐。农民所说的稻草还田具有"土暖地暄"的效果就是这个道理。

为研究稻草还田改土的效果与技术，盐碱地所进行了多年的小区试验（图6-6）与生产田示范。小区试验结果（表6-11）显示，稻草还田可增加耕层土壤中各级别的水稳性团聚体含量，其中增幅最大的为0.50～0.25毫米的小团聚体，比对照增加了81.1%～102.5%。增幅居第二位的是小于0.25毫米的微团聚体，比对照增加了29.3%～30.1%。增幅最低的是1.0～0.5毫米的团聚体，比对照增加了1.8%～4.8%。同时，容重与孔隙度两个指标也有较大幅度的改善。

图6-6　稻草还田改土试验小区

表6-11　稻草还田对土壤物理性状的影响

处理	土层（厘米）	水稳性团聚体（%）				容重（克/厘米³）	孔隙度（%）
		2.0～1.0（毫米）	1.0～0.5（毫米）	0.5～0.25（毫米）	＜0.25（毫米）		
还草	0～10	3.470	3.110	5.560	14.614	1.339	52.35
	10～25	3.671	3.054	6.007	13.987	1.380	49.93
对照	0～10	2.763	3.055	3.070	11.299	1.344	48.31
	10～25	2.552	2.914	2.966	10.754	1.552	40.31

注：稻草还田量为300～350千克/亩。

盐碱地所对水稻生育期内稻草还田区土壤含盐量变化的监测结果（表6-12）显示：稻草还田后，0～10厘米土层内，泡田后、分蘖期和收割后的全盐脱盐率依次为78.5％、81.0％和84.9％，分别比不做稻草还田的增加6.3、5.5和3.3个百分点。由此可见，稻草还田对土壤脱盐具有很大的促进作用。

表6-12　稻草还田对土壤盐分的影响

处理	土层（厘米）	全盐（%）				Cl⁻（%）			
		泡田前	泡田后	分蘖期	收割后	泡田前	泡田后	分蘖期	收割后
还草	0～10	1.059	0.228	0.201	0.160	0.695	0.107	0.071	0.058
	10～25	0.393	0.229	0.246	0.185	0.189	0.107	0.075	0.036
对照	0～10	1.040	0.289	0.255	0.191	0.612	0.178	0.081	0.082
	10～25	0.472	0.542	0.309	0.226	0.241	0.297	0.120	0.095

三、施用化肥改良

（一）过磷酸钙

1. 过磷酸钙的改土效果　过磷酸钙又称普通过磷酸钙，简称"普钙"，俗称"过石"，是用硫酸分解磷矿所获得的以磷酸二氢钙 $[Ca(H_2PO_4)_2 \cdot H_2O]$ 为主，游离磷酸和其他磷酸盐为辅的水溶性磷肥，可做基肥与追肥，是我国20世纪60、70年代的主要磷肥品种。

施用普钙改良盐渍土具有以下4个方面的作用：

①普钙属于酸性肥料，施入田间后可以中和土壤碱性，降低土壤pH。资料显示，在pH为7.8～9.0的条件下，施用普钙可使耕层土壤的pH降低0.5～1.0。

②普钙中含有大量的钙（Ca^{2+}），施入田间后，钙（Ca^{2+}）与土壤胶体表面吸附的钠（Na^+）发生置换作用；或是与土壤溶液中游离的重碳酸钠（$NaHCO_3$）和碳酸钠（Na_2CO_3）发生置换作用，生成重碳酸钙 $[Ca(HCO_3)_2]$ 和碳酸钙（$CaCO_3$），同时置换出钠

（Na$^+$）。反应式如下：

$$Ca^{2+} + \boxed{\begin{matrix}土壤\\胶体\end{matrix}}\!\!\begin{matrix}Na^+\\Na^+\end{matrix} \longrightarrow \boxed{\begin{matrix}土壤\\胶体\end{matrix}}\,Ca^{2+} + 2Na^+$$

$$Ca^{2+} + Na_2CO_3 \longrightarrow CaCO_3 \downarrow + 2Na^+$$

③可以增加土壤有效磷含量。由辽宁省第二次土壤普查（1979—1989）资料可知，在辽河下游盐渍土区域内，土壤缺磷（有效磷含量在3～5毫克/千克）和严重缺磷（有效磷含量<3毫克/千克）的面积，占全区面积的40%～50%。试验证明，在这种条件下施用普钙，可以使耕层土壤的有效磷含量提升至10毫克/千克以上，达到中等偏上供应水平。

④普钙中的钙（Ca^{2+}）代换土壤胶体上的钠（Na$^+$）之后，促使钠质黏土变为钙质黏土，结合翻耕与有机肥的施用，可促进水稳性团聚体的形成，使土壤疏松发暄，熟化层增厚。

2. 过磷酸钙的增产效果　试验证明，在滨海盐渍土中施用普钙，不仅可以改善土壤的理化性状，还可以有效解决普遍存在的土壤缺磷问题，最终促进农作物增产。

据盐碱地所在大洼区新建农场的多点对比试验结果显示，在重度盐渍化水稻土上基施普钙25千克/亩，可促进水稻根系发育，增强根系活力（表6-13）。其中，根吸附面积可增加28.0%～47.1%，活跃吸附面积可增加24.1%～47.6%，根系体积可增加1倍以上。同时，因施普钙处理的水稻没有缺磷缩苗的病状发生，生长健壮，株高与有效分蘖数等项指标均好于对照，最终比对照增产9.5%～16.4%（表6-14）。

表6-13　施用普钙对水稻根系的影响

试点	处理	根吸附面积（厘米^2/株）	根活跃吸附面积（厘米^2/株）	根系体积（厘米^3/株）
1	对照	0.169	0.072	0.40
	施普钙	0.217	0.094	0.88

（续）

试点	处理	根吸附面积 （厘米^2/株）	根活跃吸附面积 （厘米^2/株）	根系体积 （厘米^3/株）
2	对照	0.157	0.058	0.28
	施普钙	0.201	0.072	0.42
3	对照	0.161	0.053	0.28
	施普钙	0.214	0.090	0.60
4	对照	0.153	0.065	0.36
	施普钙	0.225	0.096	0.95

注：调查日期为 6 月 24 日，水稻分蘖盛期。

表 6-14　施用普钙对水稻产量的影响

试点	处理	株高 （厘米）	穗长 （厘米）	穗粒数 （粒/穗）	结实率 （％）	千粒重 （克）	产量 （千克/亩）
1	对照	92.4	15.1	69.1	90.5	24.6	378.9
	施普钙	98.7	15.4	76.6	93.2	25.4	415.0
2	对照	88.1	15.2	60.4	87.3	24.8	305.4
	施普钙	94.6	15.3	67.8	90.5	25.0	355.2
3	对照	79.3	14.4	55.8	88.5	25.2	289.2
	施普钙	97.0	15.4	66.3	90.2	25.3	326.1
4	对照	90.2	15.1	65.5	88.9	25.1	387.3
	施普钙	96.4	15.5	81.2	87.2	25.6	426.5

（二）磷石膏类改良剂

1. 磷石膏类改良剂的改土效果　为进一步提高滨海盐渍土的改良效率，盐碱地所根据土壤理化指标的现状，利用不同材料配制了 8 种土壤改良剂。经多年多点的试验（图 6-7）检验，其中的以磷石膏为主材的 2 号改良剂效果最好。试验结果显示，基施磷石膏型改良剂 35～45 千克/亩，可以获得的改土效果如下：

图 6-7　自制改良剂改土试验小区

①改善土壤结构。基施磷石膏型改良剂，可使耕层土壤容重降低 0.026～0.031 克/厘米^3，孔隙度增加 2.66%～2.85%，土壤通透性得到改善，土壤水、肥、气、热更加协调。

②降低土壤 pH。改良剂施入一周后，即可使耕层土壤 pH 降低 18.9%～27.0%；随后，土壤 pH 虽然有逐渐升高的趋势，但到秋季收割后，仍可保持比施改良剂前低 2.1%～4.5% 的水平。

③降低土壤盐分。施用磷石膏型改良剂，可使耕层土壤盐分降低 14.7%～27.9%；其中特别突出的是，可使钠（Na$^+$）含量降低 32.9%～49.3%。

④增加土壤养分。磷石膏型改良剂可使耕层土壤有机质增加 4.0%～5.9%，碱解氮增加 1.7%～3.6%，有效磷增加 28.1%～33.3%，速效钾增加 2.9%～5.7%。

2. 磷石膏类改良剂的增产效果　由于磷石膏型改良剂可以显著改善盐渍土的理化性状，有利于水稻生长。试验表明，基施磷石膏型改良剂处理的水稻返青快，分蘖早，有效分蘖率高，植株健壮；收获穗数增加 10.0% 左右，穗成粒数增加 1.2%～3.3%，结实率提高 2.1～3.4 个百分点，单产增加 12.5%～13.5%（表 6-15）。

表6-15　基施磷石膏型改良剂对水稻产量的影响

处理	穗数（穗/穴）	穗粒数（粒/穗）	结实率（％）	千粒重（克）	产量（千克/亩）
对照	12.0	110.6	83.8	26.5	511.3
35千克/亩	13.2	111.4	85.9	26.0	575.3
45千克/亩	13.2	107.7	87.2	26.7	580.4

（三）硫酸锌

1. 土壤锌含量状况　辽河下游滨海地区位于我国的缺锌土壤区域内。全国水稻土的锌含量为18～345毫克/千克，平均为106毫克/千克；而辽河下游滨海地区土壤的锌含量范围为12.5～127.5毫克/千克，几种典型盐渍土的锌含量范围为54.3～63.8毫克/千克，（表6-16）。再加之本地土壤盐渍化严重，pH高，导致锌的有效性更低。资料显示，pH每增加一个单位，锌的溶解度就下降100倍。从表6-16可见，平均有效锌的含量全部低于1.5毫克/千克。因此，辽河下游滨海地区的农田普遍表现为缺锌。

表6-16　辽河下游滨海盐渍土区土壤含锌状况（毫克/千克）

土壤类型	样品数量	全锌含量	平均值	有效锌含量	平均值
潮滩盐土	9	12.5～90.3	54.3	0.55～3.08	1.11
滨海盐土	6	12.5～82.5	55.0	0.42～1.16	0.76
盐化草甸土	7	37.5～75.0	56.7	0.30～1.46	0.84
盐渍水稻土	8	17.5～127.5	59.4	0.38～1.70	0.78
盐化沼泽土	2	55.0～72.5	63.8	0.80～1.20	1.00

注：采样深度0～20厘米。

2. 土壤缺锌的影响　研究表明，锌是植物体内多种酶的活化剂，同时也是叶绿体中碳酸酐酶的主要成分，所以土壤缺锌会影响水稻的正常生长。但在辽河下游滨海地区大规模开垦盐碱地并实施种稻改良之初，抑制水稻生长与影响水稻产量的主要问题仅表现在盐分过高上。换句话说，当时的盐害掩盖了缺锌的危害。而在经连续多年种稻改良，耕层土壤含盐量普遍降至 0.2% 以下之后，缺锌影响水稻生产的问题才开始逐渐显现出来。

据盐碱地所的试验观察，水稻苗期缺锌的症状从 4 叶期开始逐渐明显。具体表现为植株矮小，新叶生长缓慢，新叶鞘短于老叶鞘，叶片变窄变薄易断；老叶上出现椭圆形棕褐色病斑，与胡麻叶斑病类似，病斑叶片易脱落；根系发育不良，根细而短，色偏黄，根毛少。在返青期的表现是不扎根、缓苗慢、新叶色暗。在移栽 2～4 周后的表现是生长缓慢、分蘖少、出叶慢。茎基部为白色，茎秆细弱、矮小，整穴株型呈草丛状，即表现为"缩苗"。叶尖内卷，叶脉失绿退色，群众称之为"白筋病"；新抽出叶片的基部失绿退色，中下部叶片出现椭圆形棕色斑点；病状发展后，斑点扩大并连接成棕色条纹，最后枯死。根系细而短，新根细黄，老根无根毛。

从田间总体情况看，土壤缺锌可导致水稻"缩苗"，植株细弱，分蘖不足。发病较轻的田，在进入拔节期以后，病状可有不同程度的自行缓解；对于发病较重的田，病状可持续至成熟期。缺锌缩苗对产量要素的影响主要表现在穗数不足和穗粒数少两个方面。发病较轻的可减产 5%～10%，发病严重的可减产 20%～30% 以上（表 6-17）。

表 6-17　土壤缺锌等级与施锌效果

缺锌等级	有效锌含量（毫克/千克）	对水稻抑制长度	施锌肥效果	增产幅度（%）
不缺锌	>1.5	正常生长	不显著	<5
轻度缺锌	1.5～1.0	轻度抑制	一般	5～10
中度缺锌	1.0～0.5	中度抑制	显著	10～20
重度缺锌	<0.5	重度抑制	极显著	20～30

3. 施用硫酸锌的效果

土壤缺锌地区，在水稻苗期施用锌肥，可显著提高秧苗素质。据盐碱地所在有效锌含量为 0.6～1.0 毫克/千克的土壤上进行的施锌（$ZnSO_4 \cdot 7H_2O$）试验（表 6-18），基（喷）施硫酸锌可使株高增加 6.9%～10.3%，茎宽增加 8.1%～18.9%，根数增加 9.3%～14.8%，地上部鲜重增加 13.0%～21.9%，地上部干重增加 18.2%～24.3%。而且无论是基施还是喷施，用量为 10 克/米^2 的各项指标，略好于用量为 5 克/米^2 的。

表 6-18　施锌对秧苗素质的影响

处理	株高（厘米）	茎宽（厘米）	根长（厘米）	根数（条/株）	地上部植株重	
					鲜重（克/100 株）	干重（克/100 株）
对照	17.5	0.37	6.3	23.7	25.35	4.12
基施 5 克/米^2	18.9	0.43	7.7	26.3	28.65	4.89
基施 10 克/米^2	18.8	0.42	8.1	27.2	30.10	5.03
喷施 5 克/米^2	18.7	0.40	7.5	25.9	28.17	4.87
喷施 10 克/米^2	19.3	0.44	7.9	26.4	30.91	5.12

注：品种为丰锦。喷锌时叶龄为 3.0 左右，考苗时叶龄为 5.0～5.5。

盐碱地所的试验结果还显示，在水稻苗期施用锌肥，不仅可以提高秧苗素质，而且还可以使秧苗体内储存一定量的锌，满足移栽后水稻生长的需求。做过施锌处理的秧苗，在插入轻度缺锌的本田后，与对照的秧苗相比返青期缩短 3～5 天，分蘖早 5～8 天，全生育期未表现出缺锌症状。

在缺锌的盐渍土稻区施用锌肥，一方面可以提高植株叶绿素含量，促进光合作用的进行，为有机物生产奠定基础；另一方面可促进水稻对其他养分的吸收与利用，促进氮化物的运输与转化，促进水稻生长与增产。盐碱地所的示范基点调查结果（表 6-19）显示，施锌处理的与对照相比，收获穗数增加 10.8%～17.5%，结实率提高 0.3～4.9 个百分点，单产增加 12.5%～19.8%。

表 6-19　施锌对水稻产量的影响

试验地点	处理	品种	穗数 （穗/穴）	穗粒数 （粒/穗）	结实率 （%）	千粒重 （克）	产量 （千克/亩）
大洼区 东风农场	对照	丰锦	16.0	72.5	90.9	25.1	529.4
	施锌	丰锦	18.8	72.8	92.3	25.2	634.1
大洼区 平安农场	对照	辽粳5	13.7	81.2	83.9	26.2	536.9
	施锌	辽粳5	15.5	80.9	84.2	26.0	604.0
大石桥市 水源镇	对照	秋光	14.8	75.7	84.8	24.5	510.8
	施锌	秋光	16.4	74.1	89.7	24.7	592.4

注：施锌处理为基施硫酸锌 1.0 千克/亩。

资料显示，在碱性土壤中施用锌肥后，其有效态锌含量很少，大多数成为带负电荷的络离子，或沉淀为氢氧化物、磷酸盐及碳酸盐等。所以，在当前的锌肥品种与施锌技术条件下，锌的当季利用率很低。盐碱地所的试验结果表明，在本田基施锌肥或分蘖期追施锌肥后，水稻当年的利用率仅为 0.3%～4.0%；在分蘖期至孕穗期喷施锌肥，当年利用率略有提高。田间施用锌肥后，除少部分被当年利用外，绝大部分锌仍然存留在土壤中。这些存留在土壤中的锌，可以被逐渐活化以提供给随后的水稻生长。也就是说施锌肥具有明显的后效应，所以生产中不必连年施用。对于中度盐渍土、中度缺锌的土壤，可以间隔两年左右施一次锌肥；对于中度盐渍土、重度缺锌的土壤，可以间隔一年施用一次。

主 要 参 考 文 献

焦彬，顾荣申，张学上，1986. 中国绿肥 [M]. 北京：农业出版社.

李庆逵，1992. 中国水稻土 [M]. 北京：科学出版社.

宁晓光，赵秋，2014. 过磷酸钙对滨海盐碱土的改良效果 [J]. 天津农业科学，20 (3)：44-46.

任玉民，2003. 辽河下游滨海稻田土壤磷素状况及其施用磷肥的效果 [C] //辽河三角洲滨海盐渍土综合改良与利用. 沈阳：东北大学出版社.

任玉民，魏晓敏，1992. 辽河三角洲稻田养萍技术及改土培肥效果 [J]. 北方水稻 (4)：5-8.

任玉民，陈丽艳，齐雅琴，2003. 辽河下游滨海稻田土壤中缺锌状况及其防治措施 [C] //辽河三角洲滨海盐渍土综合改良与利用. 沈阳：东北大学出版社.

任玉民，李国林，吴芝成，等，1965. 辽宁省盘锦沿海地区田菁的栽培及其改良盐土的效果 [J]. 土壤学报，13 (4)：365-375.

王汝楠，王春裕，罗旋，1973. 东北盐碱土种稻 [M]. 沈阳：辽宁人民出版社.

王汝楠，武志杰，曹承绵，等，2001. 近代黄河三角洲东营综合试验区的滨海盐渍土及其改良利用研究 [J]. 土壤通报 (32)：5-8.

王遵亲，祝寿泉，俞仁培，等，1993. 中国盐渍土 [M]. 北京：科学出版社.

赵岩，林彦芝，张秀双，等，2006. 滨海苏打盐渍型水稻土改良剂应用研究 [J]. 北方水稻 (1)：51-53.

中共辽宁省大洼县委宣传部，1992. 西安生态猪场 [C] //西安生态猪场稻萍套养试验总结. 沈阳：辽宁大学出版社.

朱小梅，温柱桂，赵宝泉，等，2017. 种植绿肥对滨海盐渍土养分及盐分动态变化的影响 [J]. 西南农业学报，30 (8)：1894-1898.

第七章　育苇改良

一、苇田对盐渍土的影响

苇田是辽河下游滨海盐渍土区域内，除水田之外面积居于第二位的土地利用类型，所以苇田的形成、发展与变化，在区域盐渍土的演化、改良与利用中发挥着特殊重要的作用。

最近的 1 个多世纪以来，辽河下游滨海地区的芦苇生长以及苇田的发展，经历了缓慢形成—快速扩展—达到鼎盛—逐渐退化—人工抚育—部分开田的变化过程。

据史料记载，1885 年之前，大辽河、辽河及绕阳河等河流的河口处，就自然生长着一片片的芦苇丛；但是分布比较零散，总规模也很小。至 1920 年时，营口三家子处辽河两岸的原来零散分布的小片芦苇丛逐渐扩大，并连在一起形成了一定规模的芦苇荡，当地俗称"大苇塘"；同时，在盘锦东郭的刘三厂（现京哈高速光辉出口东 6 千米处）至羊圈子的豆坨子（现羊圈子镇东 10 千米处）一线以北的滩地上，也形成了一片相对集中的苇田。

大致从 1930 年前后开始，辽河等各河流相继进入丰水期，河水经常泛滥，刚刚被淤平不久的原盘锦湾范围内的滩地，进入了一个迅速淤高的阶段，直到完全摆脱了海潮的淹没。同时，由于当时区域内雨量丰沛，在雨水与河水的共同淋溶下，原本由潮滩盐土逐渐积盐向滨海盐土演化的过程，被改变为逐渐脱盐并伴沼泽化而向沼泽盐土和盐化沼泽土演化的过程。这一演化过程的改变，使盐渍化滩壤得到迅速淡化，加之新淤积的滩壤疏松肥沃，淡水充足，所以生长芦苇的面积迅速扩大。在芦苇茂盛的区域，株高可达 4 米以上，最高单产可达 1 200 千克/亩。至 1940 年前后，以原盘锦湾为核心的河口泛滥平原几乎完全为芦苇所覆盖，形成了一片一望无际的浩瀚苇海。期间的 1936 年和 1939 年，日本侵略者在营口市区北的大辽河口左岸的三家子成立了钟渊制纸株式会社（营口造纸厂的前身），在大凌河左岸的金城成立了锦州巴尔布制纸株式会社（金城造纸厂的前身），以掠夺当地丰富的芦苇资源。

在 1950 年前后，芦苇生长进入鼎盛时期。辽河下游滨海区域内的芦苇沼泽总面积达 170 多万亩，其中可收获芦苇的苇田面积将近 140 万亩。在区域内的 3 个地级市中，营口市的苇田面积最小，仅为 0.6 万亩左右；锦州市居中，大致为 14 万亩左右；盘锦市的面积最大，有 120 多万亩。为更好地管理与开发芦苇资源，盘锦市先后成立了东郭、羊圈子、辽滨、赵圈河和新生五大苇场（图 7 - 1）。自此开始，芦苇的生长由完全的自然生长阶段，进入到了自然生长与人工抚育生长相结合的阶段。

图 7 - 1　盘锦市的浩瀚苇海
a. 东郭苇场　b. 赵圈河苇场

自 20 世纪 60 年代以来，由于流域中上游的各大城市的建设与工农业生产的发展，国民经济各领域的用水量大增，使河道下泄流量大幅度减少；加之在河道整治中河堤等工程的修筑，改变了原来自春汛（桃花汛）开始，河水就可以阶段性地溢出主河道对苇田实施自然灌溉的状况。使部分区域的苇田，仅在每年7月进入主汛期以后，才可以得到河水灌溉；部分区域则长年难以得到有效灌溉；还有部分低注区域的苇田，常年处于积水的淹没之中。这种区域水文条件的改变，引发了土壤水盐动态的变化。即使原来的区域整体脱盐的过程，变为脱盐过程与积盐过程并存的状态。其中，部分可以得到河水灌溉的区域继续脱盐，部分地势较高的区域转而进入积盐过程；而介于两者之间的部分区域，基本能够维持年际间的盐分平衡。在得不到灌溉的积盐较重的区域内，芦苇生长的细、矮、稀，同时较耐盐的旱生杂草逐渐滋生，出现了芦苇退化、苇田草甸化的现象。在这种情况下，各苇场除大力兴建苇田灌溉工程，加强灌溉、翻耕、除草等苇田抚育措施之外；对于退化严重的区域，还进行了播种或栽根等形式的人工种植。这样，芦苇的繁殖也就进入了以自然繁殖为主，人工繁殖为辅的阶段。

进入20世纪80年代以后，在造纸业对芦苇纸浆需求量逐渐下降，苇场经济效益下滑的大背景下，大面积的苇田被开发为稻田，进行水稻种植。截至本世纪初，辽河下游滨海区域的苇田已有60多万亩苇田被开成了稻田，成为优质高产的水稻产区。目前在国内大米市场享有盛誉的优质"盘锦大米"，就产自由苇田开垦而来的水田范围内。

回顾辽河下游滨海地区的土壤演化过程可知，无论其原来的土壤属于哪一种土类，只要区域水文条件发生了改变，具备了生长芦苇的条件并开始有大量芦苇生长以后，土壤的演化路径就发生了根本性的改变，即由潮滩盐土向滨海盐土、草甸盐土、沼泽盐土等多方向演变的状态，统一为向沼泽盐土演变，进而向盐化沼泽土演变的状态。同时，区域土壤的演化过程也证明，辽河下游滨海地区苇田的面积大，芦苇的生物活动旺盛，所以苇田对盐渍土的影响以及芦苇对土壤理化性状的影响，都是深刻而巨大的。同理，在将苇田开垦成水田以后，原来的沼泽盐土、盐化沼泽土及草甸沼泽土等，都统一进入缓慢脱盐过程，并逐渐演变为盐渍型水稻土。

二、芦苇的耐盐性能

芦苇是禾本科芦苇属植物。芦苇的适应性很强，分布很广。在我国北起黑龙江，南至江西、湖南，西至青海、新疆都有大面积的分布。在不同的生长环境下，芦苇的生长形态差异很大，所以各地都有很多俗称。辽河下游滨海地区称高大的芦苇为"大苇"或"苇子"，称细矮的芦苇为"苇芦子"。

芦苇是多年生植物，具有多年生的根状茎，但地上部分一年一熟。芦苇的根、根状茎、地上茎秆、叶鞘、叶片都具有通气组织，所以可以适应沼泽与湿润环境。芦苇的根状茎具有匍匐性，一般在30～60厘米深的土层中横向或直立生长。

芦苇的适应性很强，主要表现为耐盐碱、耐涝、耐旱（短期）、耐低温、耐瘠薄等。据盐碱地所在20世纪70年代初进行的室内发芽试验结果（图7-2），芦苇种子在含盐量（Cl^-）小于0.5%的条件下，发芽基本上不受影响；含盐量（Cl^-）在0.5%～0.9%时，对发芽有轻微影响；含盐量（Cl^-）在1.0%～1.5%时，发芽受到显著抑制；当含盐量（Cl^-）大于1.5%时，发芽受到严重抑制。

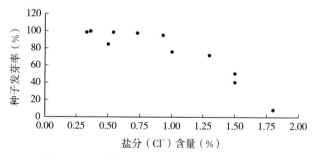

图7-2 不同含盐量对芦苇种子发芽率的影响

盐碱地所进行的苇田播种试验结果显示（表7-1），表层土壤（0～20厘米）含盐（Cl^-）量为0.36%时，出苗率为100%；当含盐（Cl⁻）量为 0.51% 时，出苗率降为 87.5%，同期的幼苗高度比正常出苗的矮 12.0%；当含盐（Cl⁻）量为 1.16% 时，出苗率仅为 17.5%，同期的幼苗高度比正常出苗的矮 37.8%；当含盐（Cl⁻）量为 1.70% 时，则没有出苗。

表 7 - 1　含盐量与芦苇出苗的关系

土壤含盐量（Cl⁻）（%）	出苗率（%）	幼苗高度（厘米）
0.36	100	33.3
0.51	87.5	29.3
1.16	17.5	20.7
1.70	0	—

根状茎繁殖的试验结果也表现出相似的规律（表 7 - 2）。在土壤含盐量（Cl⁻）为 0.5%～1.0% 时，移栽成活率为 66%；当含盐量（Cl⁻）达到 1.5% 时，则成活率不足 50%，成活株的分蘖率和株高等指标也很低。

表 7 - 2　不同含盐量对芦苇根状茎繁殖的影响

土壤含盐量（Cl⁻）（%）	繁殖株数	成活株数	成活率（%）	分蘖数	平均高度（厘米）
0.5	9	6	66	12	66
1.0	9	6	66	10	65
1.5	9	4	44	7	40
2.0	9	2	22	5	25
3.0	9	0	—	—	—

生产调查结果说明（表 7 - 3），在土壤含盐（Cl⁻）量为 0.28% 的条件下，芦苇生长茂盛，亩产可达 1 129.0 千克；在含盐量为 0.60% 时，芦苇的生长受到了很大的抑制，其产量与最高的比大致减少了 50% 左右；在含盐量为 1.19% 时，产量则不足 200 千克/亩，减产了 83.3%。

表 7-3 含盐量对芦苇生长的影响

调查地点	土壤含盐量（Cl⁻）（%）	株高（厘米）	密度（株/米²）	产量（千克/亩）
盘锦辽滨二分场	0.28	329.9	55.7	1 129.0
盘锦辽滨一分场	0.60	176.2	62.2	545.3
营口西炮台	1.19	79.0	33.4	188.0

注：检测时间为 10 月下旬，含盐量为 0～100 厘米土层的平均值。

　　芦苇虽然比大多数作物耐盐，但如果土壤含盐量过高时，也会给芦苇的生长与经济性状带来不利影响。试验与生产实践都证明，在盐分过高的条件下，芦苇不仅表现为产量低，而且其植株的形态、生理指标及经济形状指标也都有所改变（表 7-4）。具体表现为茎秆的节间变短，茎秆变细，秆壁增厚，茎秆呈灰绿色，成熟期呈赭褐色；叶片粗糙脆硬，叶背面着生灰粉蜡质层，冬季不易落叶；营养生长向生殖生长转变缓慢，抽穗率低；植株体内氧化物和灰分含量增高，纤维含量降低，纤维变短。

表 7-4 含盐量对芦苇生理指标的影响

调查地点	土壤含盐量（Cl⁻）（%）	根状茎粗（厘米）	茎秆粗（厘米）	纤维素含量（%）
盘锦辽滨二分场	0.28	1.73	0.99	48.97
盘锦辽滨一分场	0.60	1.20	0.60	44.15
营口西炮台	1.19	0.81	0.59	37.01

注：检测时间为 10 月下旬，含盐量为 0～100 厘米土层的平均值。

三、芦苇对盐渍土理化性状的影响

（一）芦苇对土壤盐分的影响

　　芦苇对土壤盐分的影响，主要体现在抑制返盐、促进脱盐及茎秆携带 3 个方面。

①对土壤返盐的影响。首先，在芦苇生长期间，由于芦苇冠层的郁闭及田面有较长时间的水层覆盖，所以苇田地表的蒸发量很低。其次，芦苇生长期间的叶片蒸腾水量，基本上来自于30~60厘米深的庞大根系的输送，所以土壤水或潜水也不具备向地表运动的条件。最后，在芦苇收割之后，由于地表覆盖有深厚的落叶腐殖层，所以春季的地表蒸发量也很小。这些因素就决定了苇田的返盐量远远低于水田、其他草地、荒地及裸滩的返盐量。

②对土壤脱盐的影响。在芦苇抚育的过程中，所实施的各项农艺措施可以促进土壤的脱盐。比如：灌溉可以增加对土壤盐分的淋溶，翻耕可以活化表土层等。另外，由于芦苇的连年生长，在自然新老更替的过程中，一些芦苇根系与根状茎所残留的通道，改变了田面水的入渗流态，增加了入渗量，促进了土壤脱盐。据盐碱地所的调查（表7-5），表层土壤（0~20厘米）的脱盐率，在种苇1年后就可以达到50%以上，在长苇5年后就可以超过90%。在长苇10年以后，0~100厘米土体的脱盐率，基本上都可以超过90%。

表 7-5　芦苇生长对土壤含盐量的影响

土层深度（厘米）	长苇前	种苇 1 年		长苇 5 年		长苇 10 年	
	含盐量（%）	含盐量（%）	脱盐率（%）	含盐量（%）	脱盐率（%）	含盐量（%）	脱盐率（%）
0~20	1.80	0.82	54.4	0.11	93.8	0.11	93.8
20~40	1.44	1.24	13.9	0.24	83.3	0.09	93.8
40~60	1.60	1.16	27.5	0.41	74.4	0.11	93.1
60~80	1.60	1.29	19.4	0.65	59.4	0.13	91.9
80~100	1.62	1.34	17.3	0.87	46.3	0.17	89.5

③茎秆对盐分的吸收与携带。试验表明，生长在盐渍土中或在微咸水灌溉的条件下，芦苇在由土壤中吸收水分、养分的同时，也可以吸收一定量的盐分储存在植株体中。这些植株体中的盐分，除极少部分随叶片回落至原地外，绝大部分都被茎秆带走。芦苇吸收

盐分的数量（能力）与土壤含盐量和生育期密切相关。据盐碱地所的测定（图7-3），在土壤含盐量（Cl⁻）为0.1％～0.5％时，芦苇茎秆的含盐量（Cl⁻）大致在1.0％左右；当土壤含盐量（Cl⁻）超过0.6％以后，芦苇茎秆的含盐量（Cl⁻）可达到1.5％左右。另外，孙博等研究表明（图7-4），在0～90厘米土体的平均含盐量为0.774％的条件下，芦苇展叶期茎秆的含盐量为0.74％左右，开花期的含盐量则增加至2.92％左右，到成熟期则猛增至6.77％左右，到枯黄期则回落至5.43％左右。

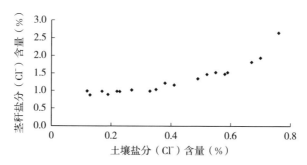

图7-3　土壤含盐量与芦苇茎秆含盐量的关系

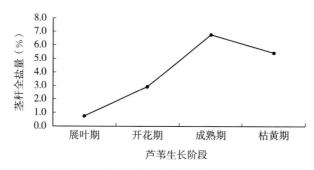

图7-4　芦苇不同生长阶段的茎秆含盐量

（二）芦苇对土壤养分及物理性状的影响

在苇田中，每年秋季都有大量的落叶及部分茎秆落于地面，这些有机物逐年的堆积腐解，增加了土壤有机质和养分含量。据盐碱地所针对 40 年以上的苇田土壤养分调查（图 7-5、表 7-6），0～20 厘米土层的有机质含量较高，一般都在 1.5％以上；氮素（N）属于中等至较丰富水平，一般都在 0.9％以上；土壤速磷指标各点间差异较大，含量丰富的可达 20 毫克/千克以上，含量较低的仅为 10 毫克/千克左右；土壤速钾指标各点全土层（0～100 厘米）都属于丰富水平。

图 7-5　苇田土壤调查

表 7-6　芦苇对土壤养分的影响

土样编号	土层（厘米）	pH	有机质（％）	全量含量（％）			速效含量（毫克/千克）		
				N	P_2O_5	K_2O	N	P_2O_5	K_2O
83-大-44	0～5	8.32	2.31	0.124	0.093	2.921	77.11	20.34	431.27
	5～20	8.71	1.71	0.107	0.100	2.965	73.71	23.85	416.43
	20～40	8.62	0.94	0.096	0.095	2.768	56.70	21.79	416.43
	40～60	8.60	0.93	0.079	0.093	2.965	45.36	23.26	416.85
	60～80	8.52	0.87	0.074	0.100	2.637	43.09	23.85	407.18
	80～100	8.33	0.83	0.060	0.101	2.146	56.70	19.21	368.54
84-盘-6	0～20	8.08	1.97	0.087	0.094	2.812	52.37	12.54	393.30
	20～40	8.13	1.60	0.077	0.085	2.856	54.64	9.64	374.79
	40～60	8.10	0.97	0.075	0.095	3.074	42.36	8.15	337.77
	60～80	8.05	0.89	0.061	0.079	2.856	36.31	7.72	235.98
	80～100	8.05	0.65	0.044	0.083	2.344	38.70	8.01	323.98

盐碱地所的调查结果还显示，大辽河两岸与辽河左岸的苇田土壤较肥沃，辽河右岸的苇田土壤相对较贫瘠。这一苇田土壤肥力的差异，主要与河流泥沙来源、泥沙粒径、成土年限及河水水质等有关。

芦苇落叶等有机物的回归，在增加了土壤有机质和养分的同时，也使土壤的物理性状得到了改善。据河北省农垦科学研究所的调查结果（表7-7），长苇两年的苇田，浅层土壤（0～25厘米）的物理性状就有明显改善，土壤容重降低了6.7%～6.9%，孔隙度增加了5.0个百分点。长苇3年的苇田，除浅层土壤的物理性状继续得到改善外，25～55厘米土层的物理性状也有所改善。

表7-7 芦苇对土壤物理性状的影响

土层深度（厘米）	裸滩		2年苇田		3年苇田	
	容重（克/厘米³）	孔隙度（%）	容重（克/厘米³）	孔隙度（%）	容重（克/厘米³）	孔隙度（%）
0～15	1.44	44.5	1.34	49.3	1.34	51.1
15～25	1.50	42.2	1.40	47.1	1.42	48.2
25～35	1.56	40.8	1.54	41.9	1.46	46.7
35～55	1.58	40.2	1.51	42.9	1.48	46.0

四、苇田抚育技术

辽河下游滨海区域的芦苇生长以自然繁殖、人工抚育为主，对于少数退化严重的苇田或者苇场内新增的滩涂区域也可辅以人工繁殖。芦苇的自然繁殖可以通过种子的传播（风播）和根状茎的延伸来实现；人工繁殖有播种、移栽根状茎、移栽茎秆（俗称"压青"）等多种方式。

在20世纪60年代以前，苇田形成时间短，河道水量丰沛，芦苇生长旺盛，芦苇成为了"铁杆庄稼"，所以对苇田的抚育要求不高。进入 70 年代以后，各苇场的苇田陆续出现了不同程度、不同表现的退化现象。为解决苇田的退化问题，促进芦苇生长，实现苇田生产的高产高效，盐碱地所在室内试验、田间小区试验与生产田调查的基础上，提出了一整套苇田抚育技术，主要内容有如下几个方面：

①灌溉管理。水是芦苇生长的重要条件，缺水是苇田退化的主要因素，所以加强苇田灌溉管理至关重要。对于辽河下游滨海区域的苇田来说，实施灌溉既要满足芦苇对水分的需求，还要满足压盐洗盐的要求。苇田的灌溉管理包括"灌水与排水"（或称"供水与控水"）两个方面。如果苇田长期缺水，草甸化程度加剧，在水分与盐分的双重胁迫下，芦苇生长不良，杂草乘机侵入，苇田出现退化；如果苇田长期并且连年处于水淹之下，沼泽化程度加剧，芦苇根状茎逐渐向浅层生长，地表形成根毯层，芦苇的生长势减弱，更具沼生特性的香蒲科杂草成为优势种群，苇田同样出现退化。所以在苇田的灌溉管理上，应以"灌水为主、兼顾排水"和"淹水为主、间歇晾田"为原则。

辽河下游滨海区域苇田灌溉管理的一般做法为：3 月末至 4 月初灌芽前水，短期保持浅水层 10 厘米左右，淋洗土壤盐分，促进苇芽萌发。4 月初至中旬排水晾田，调整土壤水气条件。4 月下旬至 5 月中旬灌浅水。因为这一时期是芦苇的芽苗期，需水量较小。浅水层既可以满足芦苇需水；又可以抑制地表返盐，杀灭越冬害虫；还可以提高地温，促进芦苇生长。5 月下旬至 6 月初进行一次排水晾田，促进芦苇根系生长并下扎；同时促进土壤气体交换，排除还原性气体。6 月中旬至雨季（汛期）灌 20 厘米左右的较深水层，因为这一时期内，芦苇生长旺盛，需水量大。进入雨季或汛期以后及时排水，在有条件的地区，应将潜水水位控制在 30 厘米以下，做好接纳雨水与调蓄河道洪水的准备。进入 9 月中旬以后，芦苇的生长逐渐结束，生理需水大幅下降，苇田的灌溉管理以满足生态要求为主。

②翻耕复壮。苇田土壤自形成以来，除经过芦苇等植物根系的穿插作用及少数底栖动物的有限扰动以外，未经过大规模的扰动，所以土壤板结，通透性较差。对苇田实施翻耕作业，可以改善土壤结构，促进表层养分下移，促进土壤脱盐；同时，翻耕还有助于消除苇田杂草。翻耕时间安排在秋季与春季均可。但无论是秋翻还是春翻，可耕的时间都很短，所以应抓紧进行。一般年份，在芦苇收割并运出后，都已经进入深秋或初冬季节，大地都已开始封冻。虽然苇田的封冻略晚，但时间也很有限。秋翻的深度以 20 厘米左右为宜。春季在地表化冻 10～15 厘米时即可开始翻耕，至 4 月初结束。春翻结束时间不宜过晚，否则不仅机车下陷、作业困难，而且容易损伤苇芽，影响芦苇生长。春翻的深度以 15 厘米左右为宜。

③消灭杂草。据调查，辽河下游滨海区域的苇田杂草有 25 科 58 属 78 种。其中，香蒲科的达氏蒲草等，莎草科的粗脉苔草、扁秆藨草等，禾本科的碱茅、拂子茅、獐茅等为优势种。杂草对芦苇的危害是多方面的。杂草的根系比芦苇浅，基本上处于肥沃的腐殖层内，所以杂草具有吸收养分的优势。在杂草生长繁茂时，不仅挤占芦苇的生长空间，影响芦苇的产量；而且还影响芦苇质量，常可导致茎秆变软，纤维不成熟，经济性状不良。另外，杂草的存在，增加了苇田病虫害寄主的类型与数量，进而增加了病虫害发生的概率；同时，杂草也影响苇田抚育技术的实施，影响收割效率。杂草的防除措施包括翻耕灭草、深水灭草及药剂灭草等多种，生产中可根据具体杂草种类及生产条件酌情选用。

④苇田施肥。芦苇是喜湿喜肥植物，施肥对促进芦苇增产效果十分明显。1971—1972 年，辽滨苇场施肥（硫酸铵 20 千克/亩）的苇田，平均比对照增产 79.8%；同期，东郭苇场施肥（硫酸铵 18 千克/亩、过磷酸钙 6 千克/亩）的苇田，平均比对照增产 124.0%。一年内施肥一次即可，以在芦苇生长盛期之前施入为好。具体施肥常在 5 月中下旬，芦苇株高为 50～60 厘米时（最高不能超过人的腰际）进行，同时要注意施肥与灌水的结合。

—————— 主 要 参 考 文 献 ——————

《芦苇》编写组，1978. 芦苇 [M]. 北京：轻工业出版社.

黄桂林，何平，2011. 辽河三角洲湿地景观演变研究——以盘锦市为例 [J]. 林业资源管理（3）：82-98.

黄溪水，王国生，1988. 芦苇耐盐性的研究 [J]. 土壤通报（5）：217-218.

李双跃，王丹丹，杨静惠，等，2012. 芦苇、香蒲和荷花的耐盐性研究 [J]. 北方园艺（20）：61-62.

孙博，解建仓，汪妮，等，2012. 芦苇对盐碱地盐分富集及改良效应的影响 [J]. 水土保持学报，26（3）：92-96.

张爽，郭成久，苏芳莉，等，2008. 不同盐度水灌溉对芦苇生长的影响 [J]. 沈阳农业大学学报，39（1）：65-68.

图书在版编目（CIP）数据

辽河下游平原滨海盐渍土改良 / 王东阁，赵岩，李振宇著 . —北京：中国农业出版社，2020.5
ISBN 978-7-109-26835-7

Ⅰ.①辽… Ⅱ.①王… ②赵… ③李… Ⅲ.①辽河流域－滨海盐土－盐渍土改良－研究 Ⅳ.①S156.4

中国版本图书馆 CIP 数据核字（2020）第 078999 号

中国农业出版社出版

地址：北京市朝阳区麦子店街 18 号楼
邮编：100125
责任编辑：李　蕊　王琦瑢
版式设计：王　晨　责任校对：刘丽香
印刷：中农印务有限公司
版次：2020 年 5 月第 1 版
印次：2020 年 5 月北京第 1 次印刷
发行：新华书店北京发行所
开本：880mm×1230mm　1/32
印张：7.75
字数：250 千字
定价：75.00 元
